小池政臣

できることはすぐやる！

三島の再生・
環境ルネッサンスを
めざして

海象社

できることはすぐやる！ ◉目次

まえがき

私は人よりも汗っかきだ。日本一おいしい三島の水をよく飲む。そして、人一倍汗をかく。ずっと幼い時からだ。うだるような夏は誰でも汗がしたたるが、私は陽気のいい春先も、冷たい風が吹く秋冬でも汗ぐっしょりになる。私はこの汗と長年つき合っている。

私が三島市長に就任してから三年ほど経った。三年というのはあっという間だが、その間いつも汗をかいていたような気がする。

勢い込んで職員を説得する時、夢中でしゃべった時などは、汗がしたたり落ちた。自治会の方々との市政座談会の場でも夢中のあまり玉の汗をかき、環境を守る市民団体の方々の地道な活動に接した時は、共に気持ちのいい汗を流した。「三島夏まつり」で農兵節を踊った時も、炎天下の通りで職員と共に楽しく踊り大汗をかいた。

しかし、市職員の先頭に立った市長が汗をかくのはあたりまえである。市長という仕事がこれほど忙しいとは思わなかったが、その忙しさもあたりまえである。むしろ、三島市長たる者、市民のために「もっと汗をかけ!」と、天からの声がますます聞こえてくるようになったと思っている。

「やることはもっともっとあるはず」
「もっと動け。さあ走れ！」と。

一冊の本を出してみようという気になったのは、市長就任以来、三年余りの時間でかいた汗を少しばかりふり返ってみたかったからである。現在進行中の仕事も含めて、市長としての私の信念と行動を洗いざらいお見せしたかったからである。

三年前の平成一〇年一二月の市長選挙で三島市民の方々にお約束したのは、「三島の再生」であり、まず、「市政への信頼回復」「財政の健全化」を少しでも実現することであった。「信頼回復」ということばは幅も広く奥が深い。実に含蓄のあることばだ。信頼というものは、見えるものでもないし、尽きるものでもない。また、いつの時点をもって信頼という地点に到達したといえるものでもない。「信頼回復」を別のことばで言い表せば、「市の鏡は市民。いつも鏡を見て居住まいを正す」ということであろうか。その姿勢を貫き通して市政を行なっているかどうかである。

「財政の健全化」というのも一言や二言では語れない。厳冬期の富士山に登るようなものだ。ただ、困難だからといって、いきなりヘリコプターで頂上に降りるのとは訳が違う。一合目からきちっと足を固め着実に登っていかなければならない。少しでも「財政健全化」の足跡が、見定められるよう、この本の中ではその一端を記録した。

「三島の再生」とは、すばらしい都市に向かって進むことである。「再生」とは、三島の現実を超えることである。現実を超えるとは、日本にとどまらず、世界中に誇りうる市にならなければならない使命を持っているという意味と解釈する。なぜなら、三島は次の世代のために誇りうる資産を残さなければいけない課題を背負っているからだ。常々、そのことを私は言ってきたし、この本の中でも繰り返している。

私が提唱したのは、「環境先進都市・三島」になろうということである。環境ルネッサンスをめざして、目標は極めて高い。幸いにして市職員の協力と団結のせいもあって「環境ISO14001」を取得することが出来たが、これも目標に向かって踏み台からジャンプしただけである。道筋を作ったに過ぎない。そして、「信頼回復」も「財政健全化」もまだまだ頂上へ向かう途上である。安穏としてはいられない。一歩、踏み外せば奈落の底へ転がり込む。だからこそ、市長たる者、一日たりとも休んでいる暇はない。汗をかけ！である。

この本は、市長として私が先頭に立って行なったことの記録である。三島市民という鏡に私がどう映ったのかという問いかけでもある。従って三島市民の方々に呈させていただく一材料である。

この本のタイトル『できることはすぐやる！』は、就任直後から現在に至るまでの、私の口癖から取った。もっと汗をかき、さらに額に汗する私の姿勢にもっとも近いと思ったからである。ご披見いただき、ご批評いただければ幸いである。

第1章

環境先進都市三島、構想の原点

三島市南部より市街地を望む

ある講演会

平成一〇年十月一七日、私は東京で開催された「ネットワーク地球村」の講演会に出かけた。主宰者である高木善之先生の地球環境問題についての話を聞くためであった。その二ヶ月後、三島の市長になるなどとは予想だにしなかった頃である。

「ネットワーク地球村」は「美しい地球を子供たちに」と呼びかけている環境NGO（会員数一二万人）で、人類が幸せな社会を目指すには環境調和社会を実現することだとして、数多くの提言と実践を行なっている。その代表が国連ブラジル地球サミット、モントリオール会議など国際的な環境会議で発言している高木先生である。また、その考えを地域で実践している「地球村」は、既に全国で二二六ほど存在し、静岡県にも一六の「地球村」がある。

東京まで出かけるきっかけは、家内から「ぜひ、一度聞きに行ったほうがいい」と薦められたからである。前月の九月だろうか、函南町での「ネットワーク地球村」の講演に出かけた家内は、「大変な感銘を受けた」と少し興奮気味に帰ってきた。高木先生の話がいかに素晴らしいかを得々と語っていた。

当日の先生の講演は、地球環境について警戒しなければいけないという話であったが、科学者らしくどれもこれも新鮮なデータに充ちていて、興味深い問題ばかりであった。該博な知識もさることながら現代のキリストのような風貌で、淡々と聴衆に語りかける高木善之先生の姿には、正直なところ感動を覚えた。

「大量生産、大量消費、大量廃棄」を続ける経済優先社会のつけを、今後どうして行くのか。「一体、どうする？」と、かねて私自身なんとかしなければならないと思っていたことに、ある道筋をつけられた気がした。一瞬、火を灯された気がしたのである。

一通の手紙

その年の一二月二五日、市長に就任してまもない頃、エアメールが届いた。大学時代以来の友人で日本経済新聞社の論説副主幹をしていた三橋規宏君からの便りである。出張先のニュージーランドから届いた手紙の文面は強い調子でこんなことが書かれていた。

「これからは地方の時代だ。自治体の首長は一国一城の主である。市長はそのまちをどういう方向に導いて行こうかを考える立場、そしてその方向へ導く権限を持っている。国は、遅れている面が多々ある。むしろ、地方から発信し、国を動かすべきだ。自分は目下、環境問題について論説しているし、紙面でキャンペーンも張っている。小池も環境問題に本格的に取り組んで行くつもりなら、応援は惜しまない。必要なアドバイスや資料も送ってあげる」等々と記してあった。

正直、私はなんとついている男だろうと思った。市長就任の翌日、市長公用車を低公害車のプリウスに代えたり、身の回りから環境問題を切開し、環境対策の先進面を押し出し、それを全国に強く発信する都市にして行こうと思っていた矢先、援軍あり、である。

私が市長になった時は、「あかなすの里」事件で、前部長や助役経験者までが逮捕され、何十人の市職員が警察当局から事情聴取を受けた後であった。市役所にあったものといえば、沈滞ムード一色であった。職員の一人ひとりが自分の殻に閉じこもり、自信を失っているなと直感した。皆、うつむきかげんで歩いているような感じさえした。現に、部長会議では積極的に発言する者がいなかった時期である。

こんな三島市ではだめだ。こんな鬱々たる不活発な状態から早く抜け出さねばならない。こんな時こそ、進むべき方向を強く打ち出して、職員の「やる気」を引き出さねばならないと思った。

それには環境施策を次から次へと立ち上げ、三島から全国へ発信することである。率先して施策を進めれば、職員は自信を取り戻していく。そして市民と市職員が胸を張って三島市民と名乗れるようにする。絶対にそうしなければならない。そのような手を打とうと思っていた折りの励ましが三橋君からの手紙であった。

すぐ、ニュージーランドに滞在中の三橋君に電話をかけた。

「ぜひ、環境問題についての君の力を借りたい。帰国したらぜひ会って欲しい」と頼みこんだ。

その時の彼は、環境庁の中央環境審議会委員、静岡県環境審議会委員なども兼ねていて多忙な様子だったが、市長就任後のあれやこれやが一段落したら、すぐにでも東京で会おうと約束してくれた。その時は、意欲のある中堅でバリバリの優秀な職員を同行せよとのことであった。

年が明けた正月、三橋君の期待に添えるかどうかはわからなかったが、市職員と一緒に新幹線に飛び乗った。論説委員をしながら政府の審議会委員等で多忙な三橋君に一日フルに明けてもらった。職員と一緒に日比谷の日本プレスセンターでレクチャーを受けた。その時、環境先進都市のスタートは、「環境ＩＳＯ１４００１」の取得しかないと思った。

「環境先進都市・三島」のルーツ

振り返ってみると、私の環境問題についての原点というべきものは、三五年以上も前に遡ることができる。環境ということばを初めて意識したのは、大学四年生の時である。それから長い年月が過ぎた。市議二期、県議三期を経て、三島市長に選ばれたが、市を「環境先進都市」にしようという宣言を出すに至ったのは、昭和三八年当時、学生の身でありながら三島市全体を見渡すことが出来た経験があったからである。市政についての私の基本的な考え、環境に対する意識の始まりはこの時にあったといってもいい。

昭和三八年から三九年頃にかけて、三島市は石油コンビナート進出問題で揺れていた。その当時、静岡県の強力な推進もあって、この地域を振興させていくには、「石油コンビナート」を誘致すべきではないかという意見があって、誘致反対の意見より優勢であった。たまたま、地元新聞の『三島ニュース』が新聞週間記念行事の一環として、「石油コンビナート」誘致問題について市民からの「懸賞論文」を募集していた。私は大学生であったが、郷里・三島市への愛郷の念が強く、懸賞に応募して自説を発表してみようと心に決めた。

そして、約二ヶ月間、大学の図書館や国立公衆衛生院などに通い詰め、関係書物に目を通して論文を書き上げて提出した。論文の結論は「コンビナート誘致」反対であった。幸いにしてその結果は一等入選となり、その全文が『三島ニュース』に掲載された。この論文が少なからず「石油コンビナート」誘致問題に影響を与えたと思っている。論文が掲載されたのは、昭和三八年十二月八日号で、翌昭和三九年四月に当時の三島市長・長谷川泰三氏が「石油コンビナート」進出に反対を表明、誘致問題は終焉を迎えた。その論文のさわりの部分を引用してみよう。

【石油コンビナート誘致問題】

この問題は郷土の将来にとり重大な問題である。そこで西宮市の様に専門家に地理・気象条件等の全角度からの徹底的な調査を依頼し、その結果を見て、誘致するか否かの結論を出すことを提案する。西宮市に於ては、酒造屋を中心とする誘致反対住民運動に合い、日本石油は建設を断念した。

私の研究結果は公害の危険性が大であり、コンビナート建設に不適当との結論に達した。

一、

当地域の地理・気象条件は石油コンビナートの建設に適さない。南西の風が吹き、背後の箱根・愛鷹連山に当たり逆転層が出来る。そのため工場から出た煙・粉塵は低く地を這う。特に住友化学・東電の火力発電所の建設予定地は盆地状地であるため、逆転層が絶えずでき、その結果、煙害の危険性がある。

住友化学は煙を出さないとしても、アラビア石油の精油過程、東電の火力発電のため、多量のタール分・重油を焚くため煤煙が出る。

二、

住友化学は一八〇億の投下資本の中、二〇億を公害防止に使うと言う。しかしそれは飽くまでコマーシャル・ベースに乗った範囲のもので、公害防止装置にしても、飽くまで資源回収の手段に過ぎない。住友化学の当地での生産品はエチレン・ベンゼン等であり、硫黄分の必要なものは生産しない。為に硫黄分は全部外へ捨てることになる。更にアラビア石油の硫黄分の含有量は三%である。この精油過程で多量の硫黄が排出される。

又東電の火力発電所でこの重油を焚く。煙が上り、亜硫酸ガスが多量に排出される。これが問題である。公害防止の最新装置でも亜硫酸ガスの排出を完全に防ぐことは困難である。

三、

生産工程で公式上は液は漏れないが、運営の段階で圧力が低下した場合、種々の有害な液を排出する。農作物へ被害を与える。

四、

水汚染は煙害より被害大である。廃液が工場から出る。それは最新式装置を設け公害防止に努めても時が経つにつれて堆積して害をもたらす結果となる。

更にタンカーは内部の掃除の為、水をタンカー内に入れ、重油を含んだ洗水を海中に捨てる。これは沿岸住民漁民にとって非常な被害となる。

次に雇用の面。石油コンビナートは総てオートメーション化され、従業員は僅少数で足りる。そのため地元からの大量の雇用は期待できない。また地元の中小企業とは無関係な企業である。更に工業用水を大量に使用する。

固定資産税・事業税等が多く入った所で、富士市の旭化成誘致の場合のように大企業への奉仕か公害防止のために莫大な投資を必要とし、却って自治体本来の〝住民の福祉のため〟の施策にはカネが行き届かなくなる。

以上の公害・雇用・工業用水等の問題から判断して、石油コンビナート誘致に反対する。

【農業構造改善の問題】

工業化だけが、地域開発ではない。農民の農業近代化意識を減殺するような形で、工業化を進めるべきではない。広域都市近郊の農業地帯は、地道に農業の近代化や成長作物への選択的拡大を進めることによって、工業地帯化以外にも所得格差を是正する道がある。

そのために、三島市は農林省の構造改善計画地域の指定を受けるよう努力すべきである。現在、東駿河湾地域で指定を受けている地域は、吉原市・富士宮市・御殿場市・函南町・小山町である。この指定を受けると、一〇年計画で構造改善事業を行ない、国からの融資額は一地域総額一億一〇〇〇万円、その他補助金九〇〇〇万円が援助される。これを利用して、都市的消費に適する作物、例えば野菜・果樹等へ転換して、所得の向上へ努むべきと考える。

（『三島ニュース』昭和三八年十二月八日号）

三島全体を鳥瞰

大学四年、卒業する年の夏は、論文をまとめることに熱中した。調べては書き、書きながら調べて進んだ。次第に三島に対する愛郷の念が強くなっていった。この地に生まれ育ったことを初めて強く意識したといってもいい。論文に応募することは、三島市という存在とその実体を知るチャンスになった。

この課題についてはなにひとつ参考例がなかった。あるとすれば、私の中に三島のイメージがあっただけだ。小さい時に遊んだところ、三嶋大社の境内、楽寿園の小浜池、水遊びした川、川に囲まれた古い家並みを覚えている。それぞれがどんな歴史を持っているのかは漠然とした知識として持っていた。しかし、論文では、その風景とイメージを施策の方針という形で固めることが必要であった。

三島を調べる。町を歩く、人と会う。三島に関するデータを取った。数量を読みとり、関係する書籍を探し出す。仮説を科学的な数字で修正して進む。市にどんな企業がどれほどあるのか、東洋レーヨンとか東邦ベスロンという会社、三島の水を豊富に使っている会社が何を作っていてどこに運び出され、どれほどの従業員がいて、三島市あるいは沼津市あるいはどの隣町から通っているかなどを調べて行った。

三島の地勢も知った。箱根路を上り下りした有名無名の旅人の記録に目を留める時間はなかったが、どんなに険しい山だったのかを想像すると、その高さが気になる。そこを知ると箱根の西麓、愛鷹連山に囲まれた三島が見えてくる。

コンビナートの建設工場から立ちのぼる煙はどうなるのか。会社側は公害防止に努力しますという。果たして煙がどうなることを見越して言っているのか。公害が起こらないという保証はどこにもない。むしろ、建設する予定の盆地に南西の風が吹けば、箱根西麓、愛鷹連山にぶつかって風の逆転層が起きる。それは低地の住民にとってみれば地を這うように戻ってくる煙害以外のなにものでもない。

実は、逆転層とは仮説をもって三島測候所を訪ねた時に得た結論であった。測候所の技官に質問趣旨を尋ねると丁寧に教えてくれた。風と三島を囲む山の関係を説明してくれ、南西の風が吹けば、風の逆転層が起きる可能性は大きいとあっさりという。それが答えであった。（この時、明治時代から三島測候所が設置されていたことを心から誇りに思った）。

コンビナートに運ばれる石油がどこの国の石油で（アラビア石油）、その硫黄分の含有量も調べた。石油を運ぶタンカーを洗うと重油を含んだ水は海に捨てられる。それは沿岸の住民・漁民に影響を与えるだろうし、精製過程で流れる液体が農作物に影響を及ぼすとも記した。

雇用の問題についても記した。大きな会社が地元に来れば雇ってくれる可能性があるのではないかと期待感が生ずる。期待が過剰になると細部には目を当てなくなる。市当局もそのように運んでくれるはずだ、と。しかし、石油コンビナートはオートメ化が常識であり、地元からの大量採用があるはずはない。むしろ、工業化だけが地域開発の切り札ではない。広域都市の近郊農業地帯の近代化や生長作物の選択的拡大に目を向けなければならないと記した。

要するに、固定資産税や法人税が多く入ることでバラ色の夢が語られるのは、間違いではないかと指摘したのだ。行政はどちらに向いた顔をするべきか、大企業に奉仕するだけでいいのか、住民に奉仕するのか、基本を忘れていないか。それが「懸賞論文」に込められた精神であった。

県議時代の環境への発言

昭和四二年、二六歳で三島市議に当選、二期務めた後、昭和五八年からは静岡県議となり、三期を務めることになった。その間、県の医療審議会会長、観光審議会副会長、県議会では文教警察委員会、商工労働委員会や県議会運営委員会の委員長を仰せつかり、幸いにして市・県行政のなんたるかを見渡すことができた。

県議会では、多岐に渡って代表質問と一般質問を述べた。ある時は教育行政、別の時は地域保健行政、その医療計画についてであり、また三島・田方・駿東地域の道路網の整備計画についても発言した。そしていつのまにか、環境行政についてはうるさ型になっていた。環境に対する県の姿勢が気になっていたからだ。

県議会での環境問題に対する発言は、細部に渡った。環境教育には環境団体を活用すべしと提言、雨水浸透施設整備補助制度の創設を促し、富士山周辺水と緑の市民委員会の設立、地下水保全基金を呼び掛けた。三島地域の河川改修や上水道事業とアスベスト対策についても質問を繰り返した。県の施策の不十分さについては何度も警告を発し、具体的な提案発言をした。環境に対して県政はどう取り組むのか、その基本姿勢と計画の漏れ、遅れを糺した。

ここに、平成六年三月一四日の県議会での一般質問の記録がある。環境行政について県知事（＝当時）らに質問している。

第一に、県単独事業による雨水浸透施設整備補助制度の創設についてであります。普通、建物に降った雨水は、雨どいを伝わって側溝などに流されてしまっております。このことによって、地中に雨水が浸透せず、洪水時には一気に雨水が河川に集まり、災害を発生させたり、地下水への雨水の供給が弱まってしまうのであります。ところが、この雨水浸透施設は地中に設置するもので、雨どいを伝わってきた雨水を一度地中に蓄え、ゆっくりと地下にしみ込ませていくものであります。各家庭に雨水浸透施設を設置して、雨水を地下にしみ込ませることによって、地下水をふやし、洪水を起こしにくくする効果を持っております。（略）

特に、富士山周辺において上流地域となる御殿場市や裾野市では、浸透しやすい火山砂れきや溶岩が広く分布しており、これが浸透層となって雨水を地中に浸透させ、地下水を貯留し、下流地域に流下していることから、具体的で即効的な効果を期待できる地下水の涵養対策として注目すべきものと考えております。

現在、地下水の減少によって、美しく豊かなみずべ環境の悪化が進行している三島市においては、この雨水浸透施設の効果に期待し、市単独事業による雨水浸透施設設置費補助制度を創設することで、積極的に雨水浸透施設の普及を図っております。平成四年度で四〇基、平成五年度で九〇基と、市内各所での設置実績を積み重ねており、三島市民の地下水の涵養対策に対する市民の関心が高まってきております。

と、述べた。

環境対策とは、行政と市民が手を結んで行なう共同事業である。行政側の対応を市民サイドが支援することが大切であると強調した。その場しのぎの環境対策になってしまってはいけない。絶えず環境の大切さを市民に行政の活動と共に訴えていかねばならない領域の問題である、と。

水の市民団体ともいうべき三島ゆうすい会、静岡県雨水浸透研究会、そして三島青年会議所などが、雨水浸透施設の重要性をわかりやすく説明するために自主制作版のPRビデオ「富士山からのおくりもの」を小中学校や関係行政機関に配って歩いている。三島市のこういった活動が富士宮市、静岡市、清水市、御殿場市、裾野市に飛び火し、地下水の涵養対策に乗り出し、雨水浸透施設の実験事業の検討に入っている。その折りに、県として積極的な支援体制の整備、県による補助制度の制定やいかに、と問うた。

また、富士山周辺水と緑の市民検討委員会の設立についても述べた。三島・柿田川湧水群について、県と建設省（＝当時）沼津工事事務所が中心になって、黄瀬川・大場川流域水循環システム協議会が設置されていたが、行政機関だけの調査結果をまとめるのではなく、富士山周辺で水問題や自然環境の問題に取り組んでいる市民団体や地域企業の意見や考え方をとり入れ、集約する仮の検討組織を作れとも言った。地下水保全対策は、行政側の問題ばかりではなく、富士山流域に住む市民自身の問題であるとの意識を育成することだと強調した。

水について

また、富士山周辺の地下水涵養ダムについても意見を述べた。熊本県などの事例を参考に、上流地域での産業活動の進展が予想され、地下水のくみ上げや涵養地域の減少は避けがたい。であればこそ、下流地域の地下水減少問題が解決し、上・中流地域にも影響を与えない、具体的で建設的な地下水の涵養対策を問いかけた。

また、学校教育における環境教育について教育長に問うた。教科書で環境の大切さを学ばせているだけでは不十分だ。イギリスの自然環境改善運動、グラウンドワークトラストの例を引き、子どもたちが野外での体験を通して自然を守ることを学ばせているように、市民団体と学校の相互の連携を熱望した。その質問の折りに自分の体験を添えた。

私も、昔の少年時代のことを考えますと、労働奉仕の形で箱根山の分収林や松並木の植栽、山林での間伐作業の補助、農業用水路の泥揚げ、米作農家や畑作農家への援農などを体験して、その汗の中から自然を維持する大切さや農家の方々の御労苦を学んだものであり、その考え方は現在も私の心のベースとなっております。

県議会での環境行政への発言

平成四年七月の県議会でも、駿東地域における地下水保全対策を問い質している。一般質問の冒頭に農兵節の一節を出した。

三島市は、「富士の白雪ゃノーエ　溶けて流れて三島に注ぐ」と農兵節で歌われていますように、古くより水の都と呼ばれ、隣接する柿田川湧水池とともに静岡県を代表する富士山湧水群地域となっております。市内には、清らかな美しい湧水をたたえた川が網の目のように流れ、多くの湧水池が点在しております。まさに三島市民にとって、湧水池や川は、人々の生活の場、憩いの場、語らいの場、遊びの場であります。三島市民の生活風土は、この富士山からの湧水とのかかわり合いの中で、はぐくまれてきたものであります。ところが、近年の三島市の水環境は、昭和四〇年以降悪化の一途をたどり、市内各所の湧水池や市内を縦横に流れております湧水河川も、乾燥した川底を醜くさらす状態となっております。

この年は、幸いにして前年の富士山流域での積雪と大雨があって、水の都のシンボルである楽寿園の小浜池も一メートル以上の水位を保つことができたが、それも九年ぶりの珍事と言われるようになってしまった。それが三島市の水の現在である。

この時の一般質問でも水資源の総合的な対策を推進し、調整する計画の必要性、推進機関として静岡県水資源保全対策会議の設置を訴えた。

第二に、三島ゆうすい会（平成三年設立、代表顧問・大岡信氏、初代会長・緒明實氏、現会長・塚田冷子氏）の活動を報告し、富士山をとりまく各市各町の市民組織（例えば清水町の柿田川みどりのトラスト、富士市の富士の水を考える会など）との大同団結、ネットワークづくりに県が取り組むべきで、そのためには、財政的な支援や情報提供を行ない、住民自身の問題意識による水資源保護と地域改善の運動を側面から応援していく体制づくりの必要性を訴えた。

第三に雨水浸透施設の設置促進のための補助制度の制定、三島市で実践している雨水浸透升の成功例を披露し、雨水利用施設の設置条例の制定を訴え、開発地域での雨水浸透施設の設置の義務づけを県に迫り、こういった各種対策を推進するためには、富士山地下水保全基金を創設したらどうかと提案した。富士山流域全体が一人の人間であり、地下水が各市町村を繋ぐ血液であり、そこに住む人々はまさに運命共同体であると訴えた。

富士山という誇り

いくつかの提案をしたあと、県議会の壇上から斎藤知事に所見をお伺いする時にこう述べた。

具体的で環境に優しい対策が、本県の誇りである富士山流域の環境を守ることとなると思うのであります。知事も富士山の裾野で少年時代を過ごされ、湧水の清らかさとありがたさを十分に実感されておられると思います。水のあるところには豊かな文化と生活風土が生まれます。水を感じて育った子供たちには、豊かな感情と優しさが身につくと思うのであります。私たちが次の世代に引き継ぐべき本県の貴重な財産として、富士山の湧水をしっかりと守り、育てていかなければならないと考えるものであります。

（註：当時の知事は、富士市出身の斎藤滋与史氏）

富士山を持っているという誇り、富士山を眺めて暮らす誇り。富士山の流域に生きている誇りを知事や議員たちに言うのではなく、自分自身に向かって発言したつもりだった。富士山は、自然の気高さを見事に現しているが故に多くの人々に尊ばれている。富士山が表しているものこそ、「自然という環境」なのだと言ったつもりである。この時の思いは、市長に選ばれる前も後もずっと変わらない。

第2章

環境先進都市へ向かって

川を掃除する市民

市長となって

平成一〇年一二月二〇日、私は九代目の三島市長となった。市長の責任は極めて重大であった。

すぐさま、私は市にはいかなる問題が潜んでいるかを探った。市議、県議を務めている時にも三島の人々に依拠していることを自覚していたし、三島市の全体像を捉えていたつもり、人口や世帯数を頭に入れて発言していたつもりである。もちろん、選挙運動中もそうであった。

しかし、三島の緊急事態に登場したからには、その病の根源をしっかりと頭に叩き込んでメスを入れなくてはならない。三島市長という職責は救命外科医のようなものだと思い始めていた。スピードが第一、判断するのが遅れてはいけない。果敢な決断が必要である。勇気をもって大胆な手術をしなければならない。実行にはちゃんとした腕がなければ患者を死なせてしまう。患者とは三島市そのものである。

暮らしやすい町、魅力あふれる町、三島市は栄えなくてはならない。これが三島の課題。市民は暮らしのための施策の早い決定と分かりやすい説明を待ち望んでいる。とにかく市政に対する市民の信頼を早く回復させる方策を練ることと、財政の健全化。この二つが最大の緊急課題である。行政自らが範を垂れるようにしなければならない。

行政のスタイルを変えなくてはならない。誰が見てもわかるようなガラス張りの市政にしなくてはならない。財政健全化のための経費節減はごくごく当たり前である。

しかし、市民には夢がなければならない。ことばだけではだめだ。夢には手足や肌で感じ取られるような暖かさが伴っていなくてはならない。

現状を克服するキーワード、三島が甦ることば、三島市民が肌で納得する潤いのある施策の中心、私が生まれ育った三島を再生すること、それは環境先進都市にすることだった。

私は忙しい合間を縫って、市民向けの「ご挨拶」をしたためた。市民向けの最初のメッセージである。と同時に職員に対して最初の基本的な考えを示すもので、「夢と潤いのある明るいまちづくりを」と題された短文がそれである。


市民の皆様をはじめ、各方面から力強いご支援と心温まるご厚情を賜り、市政を担当させていただくことになりました。改めて、その責任の重さを痛感いたすとともに、二〇年にわたる議員活動を通し、培って参りました知識と経験を活かし、「夢と潤いのある明るいまちづくり」のため、市民総参加のもと、職員と共に全力を傾注する決意であります。

二一世紀への変換期を迎えた今、本市がさらに飛躍、発展するためには、市政の信頼回復と財政の健全化が緊急課題であります。このため、自ら市内を歩き、状況の把握につとめるのは勿論、市民の意見、提言に率直に耳を傾けて参りたいと存じます。また、情報公開による開かれたガラス張りの市政をはじめ、機構、新総合計画等の見直しなど、積極的な行政改革と可能な限りの経費節減を図り、効率の良い行財政運営に努めて参ります。

特に、本年は二一世紀へ向けた諸施策の方向を見極め、新しい時代のかじ取りを行なう重要な年であり、施策の着実な遂行が求められております。このため、少子高齢化社会へ対応した健康医療・福祉先進都市の実現に向け、福祉実践の経験を生かす中で可能な限り努力を致すと共に、次代を担う子供の豊かな感性を育む教育や生涯学習の推進に意を用いて参ります。

また、市民の生活環境の向上と地域の活性化のため、環境対策先進都市づくりに取り組むと共に安全で快適な地域づくり、男女共同若者参画による魅力的な街づくりを積極的に進めて参る所存であります。更に、未来に羽ばたく東部の基幹都市を目指し、広域行政の推進に努めて参りたいと考えます。

今後とも、市民の皆様と共に、輝かしい二一世紀の礎を築き上げるため、職員の英知を結集し創意工夫をもって堅実かつ果敢に取り組んで参る所存でありますので、皆様のご支援ご協力をお願い申し上げます。結びに、市民の皆様のご健康とご多幸を心からご祈念申し上げ、ご挨拶といたします。

（「広報みしま」平成一一年二月一日号）

「ご挨拶」では、就任時点での気がつく範囲内のあらゆる問題点を列挙し、

一、市政に対する信頼回復をどうするか

二、財政の健全化をどうするか

の二点を強調した。そのためにはガラス張りの市政でなくてはならず、市民に顔を向けた着実な市政、市民参加の市政をとることが必要な条件とした。それをテコとして「健康医療・福祉先進都市」、「環境対策先進都市」のモデルになろうと宣言した。

そして、平成一一年三月二日の市議会三月定例会では、この挨拶に添った施政方針を述べた。

低公害車に代える

市長就任直後、市長公用車を小型の低公害車プリウスに代えた。それまでの市長公用車は、黒塗りの三ナンバー、トヨタのセルシオであったが、プリウスを使い始めてまもなく、市に来られた方を市内施設に案内する時、「市長の車としては小さいですね」といったような顔をなさった。私は黙っていた。「隗より始めよ、ですよ」と。

環境先進都市になると宣言したからには、まず、手元足元からの実践である。一つの例に過ぎないが、市民向けの第一声として「広報みしま」の同じ二月一日号の「市長室」というコラムで触れた。行政にとって環境対策が重要な課題です、と記した。

良好な環境を次世代に引き継ぐことは、今を生きる者に課せられた義務であります。私は、環境を題材とした講演会には自ら進んで足を運んでいますが、環境破壊が引き起こす深刻な現状に遭遇するたびに、環境はとてつもなく大きな問題であるが、今すぐにでも取り組まなければならない切実な問題であると考えています。

私の大学の同期生で、現在、ある新聞社の論説委員として活躍している友人がいます。彼は、新聞や講演等を通じ、経済社会における環境対策として、廃棄物を出さないゼロエミッション型社会、いわゆる資源循環型経済システムの構築を呼び掛けています。

先日、東京に出向き、貴重な時間をさいていただき、環境対策についていろいろと勉強させてもらいましたが、環境対策はこれ以上先送りしてはならない重要な行政課題であるとの認識を新たにしたところであります。

私は、市長就任早々、市長公用車を低公害車に替えました。これは小さなことかも知れませんが、できることから始めなければ、いつまで経っても変わりません。
これが県内に広まり、やがて全国の地方自治体に普及していくことを願っています。
市民の皆さんにも、電気、ガス、水道等限られた資源の節約、ごみの減量化など日常生活においてできるエコライフ（環境に配慮した生活）の実践を是非お願いする次第であります。

（「広報みしま」平成一一年二月一日号）

エコライフという生活スタイルを作ること、地球環境に配慮した生活を自ら実践すること、それを毎日続ける。そういった日々の積み重ねがやがて市民の胸に届くであろうと、願った。公用車を低公害車に代えることは、ひとつの実践、小さな一歩の始まりだった。

しばらくして、低公害車に代えたことが、日本経済新聞(平成一一年五月一日号)の一面コラム「春秋」欄に載った。

「環境問題の取材で地方の自治体へよくでかける。清掃センターなどを案内してもらう車は、最近はハイブリッド車が多い。静岡県のある市長は、当選と同時に公用車を大型車からハイブリッド車に代えた。運転手から小型だと安全上困ると苦情をいわれたが、環境配慮車に乗っている気分は、格別だとか。燃費効率のよい車に乗ることで、環境にささやかながら貢献しているという気持ちを持つのは結構なことだ」

その記事は、燃費効率のよい車をお役所（運輸省）で「低燃費車」と呼んでいるのはいただけない。「低」ではなく「高燃費車」ではないかと結んでいた。「呼称が過去の慣例に従って（いては）誤解を招く」と指摘している箇所は大いに気になるところだった。長い歴史を持つ役所であるからと、これまで作られて来た慣例や前例に従う発想では、市政の大胆な手術、施策は出来ない。詰まったパイプはすぐ除去して通りをよくする。それが第一の肝心である。

カエルの譬え

環境先進都市をイメージさせる時、三島市をとりまく自然環境だけを守ることに重点を置いた言い方ではなく、三島市が地球社会全体に立っているという視点を持たねばならない。だが、そのイメージを伝えるにはどうしたらよいか、と苦慮した。ある日、こんなことを思いついた。それはカエルの譬えである。

聞いた話ですが、ぬるま湯にカエルを入れると、居心地がいいせいか飛び出そうとはしません。温度を徐々に熱くし、やがて煮え湯となってもカエルは出ようとはせず、その結果、死んでしまいます。

一方、煮え湯の中にカエルを入れると熱いため、びっくりして飛び出して命を長らえるとのことでありました。環境問題は、まさにぬるま湯のケースであり、現在、確実に進行している地球温暖化や酸性雨等々の環境破壊は、明日、明後日の私たちの生活に直接急激な影響を与えるような変化ではありませんが、気が付いたときには煮え湯の中のカエル同様、取り返しのつかない環境になってしまうのではないかと考えます。

学者の説によると、もし、このまま地球温暖化が進むと、今後百年のうちに地球の気温は平均二度、海面は五〇センチメートル上昇し、それに伴い、生態系が崩れ、人間の住める環境に破壊的なダメージを与えると言われています。また、五〇年以内には石油をはじめ、様々な資源が底をつくと言われています。

未来に夢を抱く子どもたちにこのような環境を渡してはなりません。そのためには、産業界全体が前号で紹介した資源循環型経済システムを築き上げることが必要ですが、それ以上に、私たちが自らライフスタイルを見直す意識改革が必要だと考えます。

市としても、庁舎や公共施設等を対象に、自らの環境対策の管理・運営能力を厳しく問われ続ける環境ISOの取得など、環境対策先進都市として、その姿勢を市民はもとより、全国にむけ提示していきたいと思っています。

（「広報みしま」平成一一年三月一日号）

ISO取得を宣言

ぬるま湯のカエルの状態が続いているのが地球の現実。その湯に浸り続けるといつのまにか死んでしまう。かかる状況下にいる三島市がとるべき方策は何か。

その一つとして、「環境ISO」の取得がある。なぜ、自治体が「環境ISO」を取得する必要があるのか。その必要性・必然性を市民、市職員に分かりやすく説得したい。

「分かりやすく」がキーワードである。市の組織を効率的な組織に変更すべく誰にでも分かりやすい部署名に変えたが、「環境ISO」取得のためにも組織を変えた。例えば企画調整部を企画部に変え、その中に環境行政全般を行なう環境企画課をおき、環境政策室を設置したことなどがその準備である。

平成一一年の時点で、自治体では、新潟県上越市、大分県日田市、千葉県白井市が（平成一〇年度までに）取得済みであった。県内の市町村では、浜松市が平成一一年度中の取得を目指し、その作業に入っており、また、静岡市、沼津市、清水市等も取得対象範囲に大小はあるが、三島市と同様に取得準備を進めていた。

「環境ＩＳＯ」を取得するには具体的に何が必要かというと、環境管理システムの構築、本システムが正常に稼働しているかを監視する内部監査員の設置、研修による職員の意識改革等であった。これらが実際に実行されている組織であることが取得の条件であった。

取得する理由は使命感

まず、環境に対する三島市の使命感が第一である。「環境対策先進都市」には欠かすことのできない前提である。

市は市民にも事業者にも信用・信頼されることが第一。自治体が率先して環境改善に取り組む姿勢が分かれば、行政に対する信用に繋がってくる。行政は、市民や企業に対して環境改善の啓蒙・啓発活動をするお手本になっていなければいけない。

環境改善の目的を市民にきちんと伝える。その目標への到達度、取り組み結果を公表していく。結果をオープンにすることは、市長に就任時の約束であり、公約である市行政の透明性を向上することも使命感につながる。

また、市が環境対策のノウハウを取得すれば、三島市の企業や事業所が行なっている（行なっていない）環境対策について、モデル的な立場で指導・支援ができるはず。

次に大事なことは、全市職員の環境に対する意識・見識の向上である。無駄のない効率的な行政運営が可能となる。また、職員の身の回り、職場から資源・エネルギー削減の実践例を増やせば、トータルに市の経費節減に繋がる。よりどころは市の市民への地球社会に対する使命感である。

ミレニアムを迎える年に

平成一一年四月の新年度、環境対策推進を市の中心課題とすると言明した。ミレニアムの年、次の世代に繋げる重要な年であればこそである。

今日から新年度です。本年一九九九年は次の新しい千年紀(ミレニアム)を迎える重要な年であり、新世紀につなげる施策に挑戦するときです。私は、その一つに「環境対策」を位置付けました。

三島市には、水や緑など豊かな自然とそれらがおりなす快適な空間があります。この素晴らしい環境をもつ当市が、率先して環境に取り組むことに大きな意義があるのです。そして、その具体的な取り組みが、環境ISO(ISO14001)の認証取得であります。

このため、四月から新たに環境企画課を新設し、環境に関する施策の一本化を図ると共に、環境政策室を設置し、環境ISOの認証取得に取り組むこととしました。

環境ISO、初めて目にする方も多いと思いますが、これはスイスに本部を置く国際標準化機構(ISO)が制定する、環境管理の国際標準規格で、いわゆる環境への取り組みの国際的な評価の目安となるものです。取得に当たっては、事業所等が自ら設定する環境管理システムが計画・実行・点検の手順に沿って無理、矛盾なく運営されているかが厳しく審査され、また三年毎に更新があるなど絶えず環境対策に取り組むことが強く求められるものです。

現在、取得の動きは、事業所や企業等の間で盛んであり、特に、欧州諸国の企業との取り引きには、環境ＩＳＯを取得していることが条件と伺っています。

いずれにしても、近い将来、環境対策に取り組んでいない会社は、国際社会から認められない時代が到来すると思います。

（「広報みしま」平成一一年四月一日号）

「広報みしま」も再生紙

「広報みしま」は月二回刊。平成一一年四月一五日号から紙質も変更した。それまでは上質紙のコート紙を使って表紙もカラーにしていたが、再生紙に代え二色印刷に切り替えた。コストダウンも考慮に入れた判断である。

この頃より、「広報みしま」に環境という二文字が毎号ひんぱんに載るようになり、具体的な提案、呼び掛けに熱が入っていた。市民には暮らしの工夫を訴える。地球温暖化にストップをかけようと繰り返し呼び掛けるようになった。

ちなみに、三島市は平成一〇年、「地球温暖化防止都市宣言」をしている。この宣言のその後、その具体的な身の回りからの実践が重要であり、行政が先頭に立つことが最重要であり、その証が「環境ＩＳＯ１４００１」の取得であった。

「地球温暖化防止都市宣言」

私たちは、豊かで便利な生活を享受してきたが、近年、社会経済の変化の中で、地球温暖化が急速に進行し、人類の生存基盤に大きな影響を及ぼすことが憂慮されている。

次の世代のために、私たちは、これ以上地球温暖化が進むことに、歯止めをかけなければいけない。

平成九年一二月に開催された地球温暖化防止京都会議では、温暖化防止のために、二酸化炭素を削減する国際的枠組みが決められた。

現在、企業が排出する二酸化炭素の量は、ほぼ横這いの状態である。

しかし、家庭からの排出量は増加傾向にあり、今後、これ以上温暖化が進むと、二一世紀末までには、地球の平均気温が現在より約二度上がり、海面の上昇により日本の砂浜の約七割が消失すると言われている。

今こそ、市民一人一人が環境に配慮した生活（エコライフ）を実践することにより、地球温暖化防止を実現しなければならない。

よって本市は、市民・企業・行政三位一体となって、地球温暖化防止を推進することを決意し、ここに三島市を「地球温暖化防止都市」とすることを宣言する。

三島市

平成一〇年三月二四日

京都議定書

「京都議定書」は、アメリカが批准しないままになっているが、世界的にみて大きな問題である。物質文明の覇者としてのアメリカの奢りであり、人類の未来に対する傲然たる無視を決め込んでいると言わざるを得ない。

平成一三年、「広報みしま」（八月一日号）に以下のような文章を書いた。アメリカが「地球温暖化防止」という世界の流れに背を向けていることに気づいたからである。

今回は「京都議定書」批准問題について述べて参ります。

一九九七年末、京都で、日本が議長国となり、世界各国が、どうしたら、又どこまで温室効果ガスを減らせるか議論し、京都議定書が締結されました。その結果、日本・米国・EUは一九九〇年に比べて、二〇一二年までに、温室効果ガスの排出量をそれぞれ六％・七％・八％削減する事としました。地球は、かつて無い程の急激な温暖化に直面しています。異常気象により、地球規模で、洪水や干ばつが頻繁に起こり、農作物に深刻な影響を与えている。ここ連日の猛暑も、地球温暖化が原因の一つではないかと思われる。まさに、人類の生存に関わる事態です。一刻も早く、対策を打ち出さねばなりません。環境先進都市をめざす当市として、我国は、京都議定書の批准を早期に行ない、リーダーシップを持って、米国を説得すべきであると言いたい。

昨年、米国訪問の際、多くの米国人と、環境や地球温暖化の問題について話しましたが、一様に、無関心であり、排気ガス対策やゴミの分別やダイオキシン問題など何も考えて無いとの答えが返って来て、大変驚きました。

米国人全体が、物質文明の繁栄にどっぷり浸かり、長期間慣れて来た為、事の重大さがわからないか、理解しようとしない。それが為、何も対策を講じないか、後送りしていると思われる。この事は、「ぬるま湯の中の蛙」の譬えに、まさに、ピッタリである。蛙は、ぬるま湯から熱湯になっても出ないで、遂には死んでしまう。

地球温暖化対策を、地球全体で、今行動を起こさないと、取り返しのつかないことになってしまう。日本は、京都議定書を早期に批准し、米国に人類生存に関わる問題である事を理解させる様努力すべきと考えます。

（「広報みしま」平成一三年八月一日号）

川をきれいに

「美しい自然を守るために！　河川清掃にご協力を！」との呼び掛けが始まった。櫻川、御殿川、源兵衛川、小浜用水の市内流域の四河川をきれいにする運動は、各自治会の協力が必要であり、今までにも増して生活環境課も熱心に動いた。各自治会、各種団体、市職員など約四〇〇〇人が参加、川に投げ込まれた空き缶、ゴミ、雑草などの除去作業に気持ちよく奉仕してくれた。

きれいになった川、汚さないと心がけた川と子供たちが遊ぶ機会を作る。自然と親しむ第一歩だ。「アユとたわむれ、川とあそぼう」という「フェスタ大場川」にも気合いが入った。この担当は総務課の仕事であった。

一方、下水道管理課は、川を汚さないためには、下水道が普及していない地域での水質保全を図るために「合併浄化槽」の普及を心がけた。家庭内からの生活排水をし尿と併せて処理する設備、いわゆる環境にやさしい設備である「合併浄化槽」には、市から補助金を出す仕組みにした。また、「生ゴミ処理機」を購入する家庭には補助金を出すことにした。

「生ゴミ処理機」の補助制度については、「広報みしま」で何度も市民に説明していった。

今回は、生ゴミ処理機補助制度について述べたいと思います。

三島市の一般廃棄物のうち、いわゆる可燃ゴミ(燃えるゴミ)の総量は、平成八年度で三万五三一三トン、平成九年度で三万六六五九二トン、平成一〇年度で三万八九四四トンであり、右肩上がりの状態です。そのうち家庭で出す生ゴミは約六五〇〇トン～七五〇〇トンです。生ゴミは焼却すると焼却炉の温度を下げてしまいます。八〇〇度以上で燃やし続けますとダイオキシンの排出量はごく微量になり、このことからも焼却炉の温度は高い方が良いのですが、現在は生ゴミを一緒に燃やしますのでどうしても焼却炉の温度が下がります。そこで、このダイオキシン対策と、可燃ゴミの総量を減らす二つの目的で、家庭で生ゴミを処理するため、既に行なわれていますコンポストとボカシの無償配布と共に、今回生ごみ処理機の補助制度を、九月議会の可決を経て実行に移しました。この制度は、生ごみ処理機の購入価格の二分の一以内で、二万五〇〇〇円を限度とする助成制度であり、一〇月八日現在七二件の申請が出ております。この生ごみ処理機で堆肥が出来、その堆肥を使って家庭で花壇を作ることも出来ます。

また、市では箱根山西麓の遊休地を借り、市民農園を用意する計画があります。これからは土・日・祝日と仕事の休みの日が多くなります。その休日を利用して生ゴミ処理機で出来た堆肥を持参し、ご家族で市民農園で汗を流していただきたい。この堆肥を利用し無農薬の新鮮な野菜を作ることは、大変楽しいことであり、収穫の喜びも味わえると思っております。

(「広報みしま」平成一一年一一月一日号)

できることからまず実践

「小さなことからできることから」とは、まず身の回りからである。「具体的なことから始めよう」である。

平成一一年六月一日、市職員が近距離の公務移動の際、特別に急ぎでない時は車から自転車に切り替えさせた。例えば、市庁舎から商工会議所に行く時などは、清掃センターが作ったリサイクル自転車で行くようにさせた。

なんでも車を使えばいいというのではない。自動車から見える風景と違うものが見えるはず。自転車で見る町並みは異なる趣がある。そんなことを感じるのが大事。違うことがわかってくると自転車も楽しくなるものだ。また、気がかりなことも発見する。自転車で行くと凸凹の道路が妙に気になったり、歩道と車道の段差も道路の破損状態も気になる。今まで気がつかなかったことが目に見えるようになって来るに違いない。

省エネルギー推進の小さな実践もそうである。古紙など回収する可燃ごみを減量化すること、市施設の夏の冷房は二八度に設定し、昼休み等は消灯を徹底させた。電気消費量を少しでも少なくするためである。リサイクル自転車を公用車として使い始めた。

最初に市長車を低公害車に代えたが、続いて五台の低公害車を採り入れた。市の駐車場では一分以上駐車する時にはエンジンを止めること（アイドリング・ストップ）にし、看板を立てた。また、市役所の現場では、コピー用紙のむだ遣いを少なくするために両面コピーにすることなどを職員が率先し始めた。

環境月間

平成一一年六月、「地球温暖化防止」のための月間として、数々の行事とキャンペーンを行なった。

・六月一日〜七日　水道週間…「一滴の水からつくろう新たな時代」
・六月四日　環境の日、公害防止施設の総点検と緑化推進
・六月六日　大場川堤防の清掃
・六月一〇日、二〇日、三〇日　カーナイデー
・六月一五〜一八日　畜舎等点検パトロール
・六月一七〜一八日　下水道普及キャンペーン
・六月二一日　浄化センター一般公開
・六月二一日〜二五日　雨水浸透・貯留施設、節水コマ普及事業啓蒙キャンペーン
・六月二五日　道路景観の美化運動
　　産業廃棄物不法投棄防止統一パトロール

六月三〇日には、日本経済新聞・論説委員の三橋規宏氏を迎えて、環境保全の講演会を開いた。「資源循環型社会への道」と題して行なわれ、地球にとって限りある資源をどう循環していくかが重要であると力説された。「ゼロエミッション社会」という概念が提示され、市職員たちも真剣な顔で聞いていたが、私も「ゼロエミッション社会」についての理解の一端を披瀝した。

今回はゼロエミッション社会のことについて述べて参ります。

エミッションとは排出物・廃棄物などを指す英語です。ゼロエミッションとは、「廃棄物ゼロ」という意味です。この言葉が最初に使われたのは、一九九五年四月、東京青山の国連大学本部での第一回ゼロエミッション世界会議の席上でした。

資源循環型社会をつくるための構想が提唱され、英語でZero Emissions Research Initiative(ZERI)と表現されてからです。

私たちは、豊かで便利な生活に憧れ、大量生産・大量消費・大量廃棄型の経済社会を作り上げて来ました。その結果、現在のダイオキシンや大気汚染、そして膨大なCO_2の排出による地球温暖化を招いているのであります。今まさに私たちは、この新たな環境問題に、どう対処していくのかという課題に直面しております。

そこで、今後は、あらゆるごみを減量化し、ごみの焼却を減らしていくことによって、ダイオキシンとCO_2を同時に減らしていくことが必要となります。そのためには、不要なものは買わない、使わない、捨てない。また、リサイクルとともにリユース(再使用)を徹底し、ごみの出ない、ごみの少ないまちをつくらねばなりません。これが、ごみゼロの社会・資源循環型社会の構築が急がれているゆえんであります。

(「広報みしま」平成一一年一〇月一日号)

大量生産・大量消費・大量廃棄社会から、ごみゼロの社会、資源を循環させて行く社会へ進まねばならない。この考えに立つ三島市が、資源循環型社会のモデル、先進都市となるには、何をどう実践していくかが問われている。

ゼロエミッション三島会議

廃棄物ゼロの社会を目指して、「全国ゼロエミッション静岡県三島会議」を開いたのは、その年の一〇月である。「水と緑と富士の静岡県・三島市のゼロエミッション化戦略」と題して、東レ研修センターで二日間行なった。

会議の目的は、近年、環境問題は地球温暖化やオゾン層の破壊、酸性雨など地球規模で深刻さを増し、環境保全への国境を越えた取り組みが極めて重要なテーマとなっている。

これは、従来の社会が、地球の資源が無限で枯渇しないという意識のもとで、大量生産、大量消費、大量廃棄という産業、生活スタイルを築き上げてきたことに起因するもので、地球環境問題の解決には、地球の資源は有限で枯渇するという前提にたった産業経済システム、生活環境づくりが急務である。地域においても、「地域の自然環境は有限で劣化する」という条件のなかで、環境保全型の産業、生活様式を定着させることが求められており、資源の生産性や環境の効率性を高め、自然と共生する新たな地域の産業構造、生活様式への変革が地域づくりの戦略となってきた。

全国ゼロエミッション静岡県三島会議では、こうした新しい地域の動きを「地域のゼロエミッション化戦略」として、二一世紀にふさわしい循環と共生型の地域、県土づくりの構図を探り、全国へ向け情報発信しようとするものであった。

主催は、全国ゼロエミッション静岡県三島会議実行委員会で、

・構成団体：静岡県、三島市、三島商工会議所、ゼロエミッション塾実行委員会

・委員長：三島市長、副委員長：静岡県環境部長、三島商工会議所会頭、ゼロエミッショ

ン塾実行委員会代表という構成。

協賛・参加協力団体は、静岡県環境ビジネス協議会、静岡県商工会議所連合会、(社)日本青年会議所東海地区静岡ブロック協議会、三島市自治会連合会、(社)三島青年会議所、三島地区環境保全推進協議会、三島市消費者連絡協議会、三島函南農業協同組合、国連大学、東京ゼロエミッション委員会などであった。

◎テーマ：地域と産業のゼロエミッション化

―静岡県におけるゼロエミッション産業クラスターの展開―

◎プログラム

・特別報告「環境対策先進都市・みしまを目指して」(小池政臣　三島市長)

・基調講演「地域のゼロエミッション産業戦略が地球環境を守る」

(三橋規宏　日本経済新聞社論説委員、政府中央環境審議会委員)

・報告、討議：「静岡県におけるゼロエミッション産業クラスターの展開」

報告一：「ゼロエミッション型工業団地の可能性」(環境事業団)

報告二：「ISO14000シリーズ取得に向けて」(東レ(株)三島工場)

報告三：(案)「ごみゼロ工場への挑戦」(株)リコー)

報告四：(案)「製紙工場のゼロエミッション化」(丸富製紙(株))

報告五：「ホンダのグリーンファクトリー活動」(本田技研工業(株))

・三島宣言(三島市長)

・次期開催地挨拶(滋賀県)

翌日は、

◎テーマ：静岡県民ゼロエミッション会議—日常生活のゼロエミッション化—
◎プログラム・
特別報告「静岡県のゼロエミッション化」
（横山澄夫・静岡県環境部環境循環総室長）
・基調講演「あいとうリサイクルシステム—菜の花畑から資源循環型社会が見えてくる」（権並清・滋賀県愛東町長）
・実践事例報告「実践への手がかりを探る」
報告一：「伊豆地域温泉旅館などの割り箸回収事業」
（伊豆新世紀創造祭宿泊システム研究会）
報告二：「お客様と連携したペットボトル・リサイクルルートの確立」
（株）ハックキミサワ）
報告三：「日常生活のゼロエミッション化—三島市民の眼から」
（三島市消費者連絡協議会）
総括：「グリーン購入が循環型社会をつくり、雇用を促進する」
（吉村元男　ゼロエミッション塾実行委員会委員）

「環境先進都市」としての三島から、二一世紀にふさわしい循環と共生型の地域—県土構図を探るための数多くの事例が発表され、市民への環境意識の啓発にはエポックな出来事であった。同時に三島市の全国向け発信第一号となった。

市環境審議会

平成一一年七月二二日、三島市環境審議会の一五名の全委員に委嘱状を交付した。審議会を設置するのは、市の恒久的で総合的な環境政策の指針となる「環境基本条例」や「環境基本計画」等について審議してもらうためだ。

市の審議会としては初めての市民公募による委員（男女各二名）をはじめ、自治会連合会、消費者連絡協議会、三島地区環境保全協議会、医師会、商工会議所、青年会議所、中央婦人学級などの代表者に加わっていただいた。

さらに環境についての識見を集めるため、幅広いメンバーにした。政府中央環境審議会委員や通産省環境立地局の課長等で構成し、審議会会長には静岡県環境審議会委員で静岡県立大学名誉教授の松下秀鶴氏、副会長に政府中央環境審議会委員で日本経済新聞社論説委員の三橋規宏氏に就任していただいた。

環境に配慮した社会、資源循環型社会(ゼロエミッション社会)を形成していくには、市のさまざまな事業者や市民に環境への負荷を減らす必要性を理解してもらい、かつ実践することが不可欠である。その線に添った経済活動やライフスタイルの見直しの方策についても考えていかなければならない時が来たと思っての人選である。

審議会は年三回で合計六回程度開催し、審議会の会議は、市民にオープンにすべく原則公開とした。私からは「三島市環境基本条例」の審議をお願いした。

「環境基本条例」とは、市の環境に関する施策の基本的な方向を示すもの。この条例を制定するのは、市の良好な環境を保全しながら、次世代に引き継ぐために行政として何をすべきかを明確にするための決まりが必要であるからだ。

三島名水調査研究会

三島は「水の名所」と言われているが、その「水の三島」をもっと全国的にアピールしたい。そんな狙いで、平成一一年八月一〇日、「日本一おいしい水のまち三島・探検隊」と名付けた三島名水調査研究会を発足した。三島の水についてありとあらゆる角度から科学的・実証的に調べていただくためであり、その優れた点を広く内外に伝えたいがためであった。

一体、三島の湧水はどこから来るのか。湧水の年齢は？　三島湧水群は富士山からが二、箱根山西麓からが一というブレンドされたものであることがわかって来る。また、「三島の水はおいしい」と言われるが、三島の水道水の成分を調べていただく。富士山などからの地下水を水源としているがゆえに、微量のカルシウム、マグネシウム、鉄などのミネラルや二酸化炭素が「おいしい」と感じるものだということも分かった。

「コップ一杯の三島の水が心身を健康にする」とは、探検隊の小川薫先生（順天堂大学医学部）の結論。また、「三島の水はお茶をおいしくする。三島の水を使ってお茶や珈琲を飲みながらの談笑が健康長寿の源」とおっしゃるのは、星猛会長（しずおか健康長寿財団理事長）。名水調査研究会のメンバーには環境庁（＝当時）の望月時男研修センター企画官、建設省（＝当時）の清水裕沼津工事事務所所長など有識者七名で構成。

湧水がもたらす三島市民へのおくりものは、心身の健康であり、毎年五〜六月に源兵衛川に舞うホタルであり、可憐な花ミシマバイカモであり、おいしいと評判のウナギなど枚挙に暇がない。であるからこそ、「三島の水」の貴重さ、大事さをさらに伝えていく必要がある。

県議の時代から三島駿東地区の環境問題について、なんども警告を発し、具体的施策を繰り返し発言・提案していた私としては、おいしい水を生み出すものこそ「自然という宝」の一部であることを市民だけに限らず訴えたかった。

「日本一おいしい水のまち三島・探検隊」の研究成果は、市民が安心して飲んでいる水が、生き物で、ほったらかしも、汚したままも許されない。湧水を生き返らせ、次の世代に渡していくその基礎研究となった。

ゴミに取り組む、その一

三島市の一般廃棄物のうち、可燃ゴミ(燃えるゴミ)の総量は、平成八年度で三万五三一三トン、平成九年度三万六五九二トン、平成一〇年度三万八九四四トン、平成一一年度三万八九一五トン、平成一二年度四万一一七七トン。家庭で出す生ゴミは約六五〇〇トン〜七五〇〇トンだが、総じて右肩上がりの状態が続いていた。

生ゴミは焼却すると焼却炉の温度を下げてしまう。八〇〇度以上で燃やし続けるとダイオキシンの排出量はごく微量になり、焼却炉の温度は高い方が良いが、現在は生ゴミを一緒に燃やすのでどうしても焼却炉の温度が下がる。

そこで、このダイオキシン対策と、可燃ゴミの総量を減らす二つの目的で、家庭で生ゴミを処理するため、既に行われているコンポストとボカシの無償配布と共に、今回生ゴミ処理機の補助制度を、平成一一年九月議会の可決を得た。この制度は、生ゴミ処理機の購入価格の二分の一以内で、二万五〇〇〇円を限度とする助成制度で、続々と申請があった。

この生ゴミ処理機で堆肥ができ、それを使って家庭花壇を作ることもできますと訴えた。

また、市では箱根山西麓の遊休地を借り、市民農園を用意する計画があり、土日や三連休には、その休日を利用して生ゴミ処理機で出来た堆肥を持参し、市民農園で汗を流していただく。堆肥を利用し無農薬の新鮮な野菜を作ることも楽しいことであり、収穫の喜びも味わえる。そんな小さな循環を願った。

ゴミに取り組む、その二

ごみ問題は、資源循環型社会では市民が主役になってもらうものであった。分別収集は使える資源をリサイクルするためのシステムであることを認識してもらわなければならない。また、可燃物のごみ減量化については、「ものを大切に使う」「最後まで使い切る」「使い捨て商品は使わない」とか、市民に訴えるものが多かった。

一方、ゴミを不法投棄する人も少なからずいた。箱根山はじめ市内の山間地では粗大ごみの不法投棄も目立っていた。三島市では平成一〇年に「ごみの不法投棄等防止条例」がスタートしていたが、一部の心ない人による不法投棄は地球環境の破壊に繋がる。市としては、なんども繰り返しキャンペーンを行なう必要があった。

平成一三年四月一日から施行された、家電リサイクル法により、家電四製品の処分は有料となった。これにともない不法投棄の増加が危惧されるので、四月二一日、市職員原則全員出勤とし、不法投棄監視員、環境美化推進員、自治会連合会、地元自治会等が参加する中、箱根西麓不法投棄ゴミ一斉回収キャンペーンを実施した。結果収集車三一台分約一八トンの不法投棄を回収した。

また、五月一三日（日）、毎年五月の第二日曜日は、三島の川をきれいにする一斉奉仕活動の日。この日も、自治会や市職員等参加のもとに行なった。九月二一日には、市職員が出て、国道一号線の空き缶等の清掃奉仕活動を実施した。

身の回りの小さな環境への配慮から始まり、その実践を何度も繰り返す。資源の大切さをどのような形であれ訴え続ける。資源循環型社会の実現へ向けて一歩一歩の積み重ねを続けていく。私を含めた市職員が先頭に立っている姿が市民に映っていく。市民と市は合わせ鏡となり、市と市民が一丸となって、市全事業所の「ＩＳＯ１４００１」を取得する運動を支えていく。そんな慌ただしい年が平成一一年であった。

第3章

「ISO 14001」取得

三島市民環境大学

三島市にとって記念すべき日

平成一二年七月二六日、三島市は「ＩＳＯ１４００１」の認証を取得することが出来た。ＩＳＯ判定委員会から認証を伝えられた日は、三島市にとって記念すべき日である。これまでの三島を新しく甦らす起点、「環境先進都市」の実現を目指すターニングポイントとなった。取得したことを、三段跳びにたとえるならば、「ホップ、ステップ、ジャンプ」の最初の跳躍、勢いよく助走を突っ走った後、踏み板を強く蹴る。そのホップした段階である。

「ＩＳＯ取得」宣言してから一年半、その道のりは必ずしも平坦ではなかった。ＩＳＯ審査機関が求める環境管理マネジメントシステムというのは、実は厳しい基準そのものであった。

環境についての方針を決め、それに基づいて全事業所に目標達成計画を提示し実施させていく。同時にそのシステムがうまくいっているかどうかを見直す。絶えず点検して進む。実行している現場からプラン通りに進んでいるかを絶えずチェックする。見直しが肝心であり、システムを作りあげるのは一部の人間ではない。そのことがもっとも重要であった。全ての職員の参加、環境に対する意識の変革がカギであった。

取得に至るまでには、以下のようなことを継続して行なった。

平成一一年三月　市議会三月定例会にて「ＩＳＯ１４００１」取得を市長が宣言

四月　環境施策を総合的に進める部署として環境企画課内に環境政策室を

設置

六月　ISO第一回管理職研修（課長級以上対象）

七〜八月　ISO基礎研修（全職員対象：計八回）

一一月　内部監査チームを設置

一二月　内部監査員養成研修

平成一二年二月　三島市役所環境方針及び目的目標を発表

〃　第二回環境マネジメントシステム研修（全職員対象：計四回）

二〜三月　外部認証機関による予行審査実施

四月　一日より環境マネジメントシステムを本格的に運用

〃　中旬：第二回環境マネジメントシステムの運用に関わる研修（管理職対象）

五月　初旬：第三回環境マネジメントシステムの全体研修（計三回）

〃　中旬：本審査（書類審査）

〃　一八、一九日、本審査（初動審査）

六月　二九日、第三回管理職研修（実行推進員以上）

＊四〜六月は各課で殆ど毎日独自の研修が行なわれる

七月　三、四、五日　本審査

〃　二六日、判定委員会から「ISO14001」取得が決定される

＊「ISO14001」とは

ISOとは、「国際標準化機構」（International Organization for

Standardization）という組織の略称で、「ISOS…平等、相等しい」というギリシャ語から取られたとも言われ、ISOは普通には「アイ・エス・オー」と呼ばれるが、「イソ」という人もいる。この国際機構は、製品やサービスの国際貿易を促進させるため、国や地域によって異なる製品等の規格や基準を世界共通のものにする目的で、一九四七年に作られた。ここで定めた規格が国際標準規格とされ、「ISO9000」を取得している大企業〜中小企業メーカーは多い。

「ISO14000」シリーズは、環境管理における国際標準規格。環境に与える影響を最小限にすることを目的に「人の健康への影響」「自然資源への影響」「資源枯渇への影響」に配慮したサービスが事業所の全体から全過程で行なわれているかが、取得の条件。

認証は外部の専門家で構成される第三者機関。三島市の審査にあたったのは、（財）日本適合性認定協会（JAB）の認定範囲「公共行政」を受け持つ審査登録機関のJACO（日本環境認証機構）であった。

なぜ自治体が取得するのか

自治体が「環境ISO」を取得するとは、環境先進都市という大きな目標の第一ステップでしかない。市が率先して環境改善に取り組む姿勢を市民や事業者にきちんと伝える。それがあってはじめて、行政の姿が見えてくる。一貫した姿勢は信用確保の第一歩である。環境について市の側がちゃんと認識し実践していることを知っていただけば、事業者も市民も市政を信用することに繋がっていく。

次に大事なことは、市職員が環境への意識や見識の向上があったかどうかである。常に環境に対するケアを怠らない姿勢は、絶対に無駄のない効率的な行政運営に繫がる。また、職場から資源・エネルギー削減の実践例を増やせば、絶対に経費節減に結びついてくる。環境保全効果というのがある。省エネルギー、省資源などによる環境への負荷を低減させる。再生紙や環境配慮型製品を優先的に購入したり、その製品市場の形成を図れるし、環境保全のための計画的な施策の執行が可能となる。

そして、市民には市をとりまく環境の実態を知っていただく。三島の川や湧水の現状の地層学的構造だけではなく、地球資源を使っての経済社会構造のありようが遠因していることを知っていただく。資源使い放しの大量生産・大量消費・大量廃棄の経済社会の転換期に来ていることをわかっていただく。

環境を汚すのはメーカー企業だけではない。大企業も町工場の零細企業も工場での生産過程で、知らず知らずのうちに環境破壊を行なっている。しかも、意外なところでだ。また、企業から出る産業廃棄物だけが環境破壊の元ではない。市民の家庭から日々排出される生活ゴミも、ますます膨大になって来ている。ゴミが回りを汚し資源を浪費している。

その「見直し」の視点に立って市長の私が、身の回りの小さなことから実践していく。後からついていってもらうと思っていた職員が先頭に立ったりする。やがて三島市民が地球市民のモデルとなって、日本～世界中のお手本になるかもしれないし、またなってもらわなければならない。自治体が「環境ＩＳＯ」を取得することというのは、計り知れない効果を生み出す。

県内では五番目の取得

自治体で「ISO14001」を最初に取得したのは、平成一〇年の千葉県・白井市(人口五万)。県内では静岡県環境衛生科学研究所、県中小家畜試験場などが先行して取得していたが、自治体としては、浜松市(人口五八万六〇〇〇人、平成一一年一二月)、清水市(人口二三万五〇〇〇人、平成一一年一二月)、沼津市(人口二〇万七〇〇〇人、平成一二年二月)、湖西市(人口四万三〇〇〇人、平成一二年三月)が取得しており、三島市は県内では五番目の取得であった。

ちなみに、平成一三年八月現在、「ISO14001」を取得した自治体(含む施設)は二三七で、三島市に続いて静岡県の自治体としては、富士宮市(人口一二万、平成一二年一一月)、袋井市(人口六万、平成一三年三月)が取得している。

取得範囲は全国一

「ISO14001」を先行取得した県内四市と比べると、三島市の対象範囲の事業所、施設が圧倒的に幅広いのが特色。自治体レベルで見た場合、その取得範囲は全国一と言われるが、そこまで対象を拡げることを決めたのは、「環境先進都市」を名乗る以上、三島市が携わるところは全て徹底した環境管理を行なう。市民が接する場所はどんなところも環境についての徹底を貫く。それが私の基本的な方針であった。

その範囲は、以下の通り(小中学校をのぞく市の施設の全て)

1. 本庁…本館、西館、中央町別館、大社町別館
2. 本庁外施設…清掃センター、保健センター、消防署（五分遣所含む）、生涯学習センター、市民体育館
3. 出先機関…楽寿園、浄化センター
4. 付属施設…保育園七園、幼稚園一四園、老人ホーム、佐野学園、衛生プラント、公民館四館、箱根の里、郷土資料館、市民文化会館、市民温水プール

環境管理マネジメント基本方針

「ＩＳＯ１４００１」の基本方針は、三島市という組織の業務内容が環境への配慮を反映して行なっているか。環境に関する法律を正しく守っているか、環境に対する配慮を日々継続的に行なっているか。汚染予防を実行しているかなどであり、それが総括責任者としての市長を中心に全職員が参加しているか。また、第三者へ公表しているかが基本であった。トップから組織の隅々までが継続的に環境への配慮を行なっているかどうかである。

その目標の特徴は、市役所が使っている電気、ガス、水道の消費、ゴミ排出の削減計画と実践は当然であるが、市政活動の中で環境のために行なう施策を積極的に行なうことにした。環境に関係する施策については、目的、目標として数値化できない事務・事業であっても、可能な限り目的と目標に掲げ、進捗状況を常にチェックすることにした。環境に関する総合計画として全庁的に推進できるように幅広く環境施策を捉えプランに登録した。

実行組織の特色

環境管理のシステムを作るということは、責任体制をはっきりさせることである。市長が、いわば環境保全会社の経営者となって舵を取って行き先の判断をする。絶えず見直しの号令をかけていく。日常の継続的な改善、その実行が命である。

実行の水源は環境について配慮する生活をすること、自分の身の回りから率先して「小さいことでもできることから始める」ことである。環境という川のもっとも大事なエネルギー源は、目の前の小さなことを環境配慮する生活の実践にあった。

実行組織は、全職員参加。しかも、やるからには活気がなくてはならない。実行の単位は課（施設）レベルにした。三島市に限らず多くの自治体には部課長制度がある。これに併せて環境組織上の実行部門を部単位に設定し、その長を部長職にあてていることが多いが、部長職は所管することが多岐にわたるので、環境マネジメントシステムを確実に運用していく実行責任者としては適任性に欠けるところがあった。

従って、実行責任者は、直接の実行体の課（施設）を実行組織とし、その長である課長（施設長）を任命した。部長職を副管理責任者とし、管理責任者の補佐役及び所管課が行なうシステムの運用管理者として位置付けた。

また、環境マネジメントシステムについての協議や連絡調整の場として、定例化された部長会議及び部課長会議と環境管理運営会議（環境管理会議、環境管理実行会議）をリンクさせた。定期的な会議を開催し、スムーズなコミュニケーションを図った。

システム文書の特色

環境マネジメントマニュアルは、規格の要求事項の具体的な手順を文書化し、複雑な手順を要するもの、組織・人事に係る規定以外は、職員に分かりやすくするために出来る限りマニュアルに一本化した。誰にでも分かるように簡素化した。

環境マネジメントプランは、環境方針や環境目的・目標及びプログラム、また、著しい環境側面や法的な規制など、三島市役所の環境に対する姿勢、環境に影響を与えるもの、法的な規制、これらを改善または遵守するために自組織が行なうべき具体的な内容を明らかにしたものをプランとして別綴りにまとめ、その後の環境教育の教材として活用できるようにした。

市職員の意識

臨時・嘱託職員も含む一二〇〇人職員の意識改革がカギであった。環境マネジメントシステムというのは、自発的で自律的なものでなければならない。血の通わないシステムは単なる飾りで終わってしまう。一過性のお祭りになってはいけない事柄だ。

平成一一年三月に市議会で「ＩＳＯ１４００１」取得宣言をした翌月、組織改革を行なった。環境施策をすすめる部署として環境企画課内部に環境政策室を設けた。「ＩＳＯ取得」のための推進室であり、いわば車のエンジンになってもらった。

たぶん、私が「ＩＳＯを取得する」と宣言した頃、職員の大多数にとっては遠い話だったかもしれない。まして「ゼロエミッション社会」などとカタカナ文字が使われたりすると、最初の頃はちんぷんかんぷんだった人もいると思う。

しかし、私は機会ある毎に、「なぜ、三島がＩＳＯ１４００１を取得しなければいけないか」「取得することが結果的にどうなるのか」を説いて回った。なぜ、三島市がやるのか、その必然性をじゅんじゅんと説いて回った。市政を担う職員一人ひとりに、環境について深く認識してもらわなければならない。三島を暮らしやすいまちにするためには、どうしたらいいか。市民のための行政とは何か。職員個々の生活を通して本当に納得して貰わないと「ＩＳＯ取得」は進まない。「環境先進都市」という大きな目標も絵空事で終わってしまう。私はくどいほど説明をくり返した。

私は管理職や職員の研修会に何度も足を運び、研修の前に必ず挨拶し、「ＩＳＯ１４００１」取得の必要性を力説した。まるで受験生を持った母親のように、職員が講師の説明をちゃんと聞いているかどうか、やや過剰と思われるくらい心配した。笛は吹けども踊らずではせっかくの「三島の再生」が消えてしまうからだ。

しかし、エンジンがかかるのは遅かったかもしれないが、平成一一年末あたりから、東レ研修センターで開かれた「ゼロエミッション静岡県三島会議」からだろうか、職員の目つきが変わって来たように思える。各課単位で競い合うように研究会がさかんに行なわれはじめた。

「今日はＩＳＯミーティングです」と胸を張る女子職員の顔つきはなかなかよかった。「頼みますよ」と声をかけたくなってくる。別の課では記録したデータをグラフにして壁に貼り出す。「ちょっとした思いつきですが」と恥ずかしそうに言う。環境に対する配慮の具体的な提案を行ない始めている報告を聞いたりするとうれしくなったものだ。

生活環境課では、三島湧水群の復活に少しでも貢献できるものとして「節水コマ」の無償配布を行なっていた。蛇口にコマをつければ、一家庭でも約二〇％の節水ができる。チりも積もれば山となる。市役所や関連施設は全て節水コマをつけた。また、市内小中学校二一校全校に節水コマをつけて、生徒・児童たちに節水コマをつけなかった時と、つけた時との差を比較してもらった。全公共施設への節水コマの設置は合計五六五〇個にのぼった。

また、雨水浸透マス、雨水貯留施設、雨水簡易貯留施設を設置する場合に、市は補助金を出している。貴重な水資源を有効に使うための方法だが、環境に対する小さな実行が実は大事だ。

身の回りからの削減に努めはじめた。日々使用しているコピー用紙の節約、電気、ガソリン、ガス、水道などの使用量を徹底的に管理する。それは地球資源なのだ。データを毎日記録し、グラフ化したのを見るようになると、誰でもがこんなに使っているのかと驚く。すると削減するのが当たり前になってくる。

また、外部施設の清掃センターや浄化センターなど環境に関する法律の遵守が厳しく求められるところは、ＩＳＯで決められた基準をクリアしているかを絶えずチェックしていく体制が作られていった。

職員を支えたもの

上から号令をかけた結果、職員が一斉に隊列を組んで「ＩＳＯ１４００１」取得に取り組んで行ったというのは正確ではない。むしろ、職員の意識を支えたものを見つめる方が大事だ。

第一番目は、職員の環境意識の基に、もっとも重要で根本的な郷土愛があったことである。職員が三島をもっとよくしたいと思っていたことがあったのである。人によって郷土らしさを感じさせるものはそれぞれ違う。郷土といえば家族と言い出す人もいる。私のように水を直観する人もいれば、路地裏の思い出を大切にしている人もいる。霊峰富士を思い浮かべる人もいる。そういったそれぞれの職員の思いがまとまり、三島全体をくるむ環境という地点にたどり着いたのである。

二番目は、市民との関係の中で生きている市職員という意識が芽生えたことであろう。郷土と市民が、環境への配慮という一本の糸で繋がっていった、その行き先に「ISO14001」認証取得というハードルがあった。

そんな職員たちが、段々と日を追うように「ISO14001」への関心を強めていった。環境企画課や環境政策室、直接関係のない部署の職員も熱心になっていった。日々の仕事の中で何かしら地球環境の保全に繋がっている仕事にしたい。そんな実感が生まれた人があってこそである。

町のリーダーたち

環境企画課の地味な仕事が、ある日、別の形となって現れる。市民の間から節約家のモデルのような人が現れてくる。生活雑用水には貯留槽に溜まった雨水を使っていて、当然家計上も節約になる。そんな有言実行の人は、いつのまにか街中で評判になり、やがて回りの人がごく自然に真似をする。悪事は無責任に千里も走るが、良い事は渦のように立ち上り人を見習わせ同化させてしまう。

決して目立たないけれども市民一人ひとりが暮らしの中で小さな工夫をしていく。きっかけは、ちょっとした思いつきから始まり、後になってみると褒めそやされるようになる。

レジビニール袋を当然のようにもらっていた人が、ある日、買い物袋を使うようになる。最初は奇異に映ったかもしれないが、それがおシャレな姿だったりすると、もうそうすることがごく当たり前になっていく。

市内を流れる川をきれいにする運動には自治会が取り組んでくれた。こういう時の自治会という存在は実に頼もしい。きれいな川を眺めるのは誰でも出来るが、汚れた川を救い出す、ゴミを掃除するというのは、多くの市民の協力なくしては出来ない。その担い手は、三島の川を誇りに思い、きれいな川を次世代に受け継がせたいと思う郷土愛に充ちた人々であった。

平成一一年七月、三島市自治会連合会の岡田豊会長ら理事三〇名が、新潟県上越市を視察に訪れた。上越市は人口約一三万二〇〇〇人（職員一二〇〇名）で、千葉県白井市に続いて二番目に「ISO14001」を取得した、いわば環境先進都市。視察に行った感想を岡田会長が「広報みしま」で語っておられた。

環境問題は一人ひとりに跳ね返ってくるとおっしゃる。市民が意識を変えていくことが大事だ、と。そして自治会の役割はゴミ問題にあると結語している。

また、環境審議会メンバーの三島市消費者連絡協議会の遠藤節子会長が話すことも同じだ。ゴミの出し方や減量方法などを話し合い、エコ商品や害のないラップなどを研究していく、その先は地球温暖化防止という大きな目標だが、それには身の回りの些細なことから見直す。次の子どもたちのためにとはっきりおっしゃる。

数多くの町のリーダーたちが三島を引っ張っていく姿。その小さな変化を職員が感じ取っていたのだろう。それを知らず知らずに汲み取っていたに違いない職員の個々が環境に対する市民の感応力はすごいと思い初めた時、追い立てられたように「環境ＩＳＯ」への取り組みに熱が入っていった。

市職員への感謝

七月下旬、「ＩＳＯ１４００１」の審査の決定が下りる直前、私は「広報みしま」に次のようなことばを記した。

職員が一丸となって邁進していることを市民に報告したかったし、ここまでの全職員の健闘ぶりを感謝したかった。一言で言えば「やる気」を出してくれたことに頭を下げたかった。

今回はＩＳＯ１４００１(環境ＩＳＯ)の認証取得について述べて参ります。三島市では、この認証取得の為の初動審査が五月一八、一九日、本審査が七月三、四、五の三日間行なわれました。判定会は七月二六日に開催の予定です。五月末日現在で、全国三二九九の自治体の中で、九九の自治体が環境ＩＳＯを取得しております。市町村では五二が取得済です。県下では、清水市・浜松市・沼津市・湖西市の四市が取得済です。取得済の市町村では、ほとんどが本庁舎のみの取得であり、三島市の場合は、小中学校を除き全ての市の施設での取得を目指しております。この事は全国的にも稀有なケースであり、今回の三人の審査員が一様に大変評価していた事であります。一つの施設・課でも厳しい審査に合格しないと、今回の広範囲での環境ＩＳＯの認証取得は出来ないのです。

環境ＩＳＯ認証取得の為の準備は、昨年三月市議会で、私から環境対策先進都市を目指す事を声明して以来、進めて参りました。通算一三回に上った職員研修会、各課での朝礼の際の環境の話、部長会議・部課長会議での対応、内部環境監査チームや実行責任者・推進員を中心とした活動、又、大変嬉しかった事は、職員組合が全面的に賛同して、組合独自の環境研修会を開いてくれた事です。

この認証取得までの一年四ヶ月の活動の中で、市役所内に、環境マネジメントシステム（ＥＭＳ）の構築が出来、とかくお役所仕事は縦割り行政が多いとの批判がある中、環境ＩＳＯ取得という一つの大きな共通の目標に向かって、全職員が一丸となって進む体制が出来、その結果、横の関係も密になった事は大きな成果でありました。

全職員が短期間で、これだけ〝やる気〟を出し頑張ってくれた事は、今後当市の重要施策遂行に、大きなはずみがついたといえます。（「広報みしま」平成一二年七月一〇日号）

平成一一年三月から一六ヶ月、長い時間を要したトレーニングは見事に結実した。全国最大クラスの広範囲の事業所での「ＩＳＯ１４００１」の取得ができたことは、市役所が国際標準規格を持ったことを意味する。それは市職員の誇りであり、三島市の誇りである。市職員一二〇〇人が環境へ配慮する意識が芽生えたどころか、徹底してシステムを作りあげる姿勢があったし、残った。そのことが何にもまして誇るべき財産である。あくまでも「環境先進都市」としての第一歩であるが、取得が決定した直後、私は「環境対策先進都市への第一歩」と題する短文を発表した。

「ＩＳＯ１４００１取得達成について」

地球規模で進む環境悪化が将来の人類の存亡に関わる問題にまで発展している今日、私たちは、先人から受け継いだ湧水や緑の素晴らしい郷土の環境を健全な形で次世代に引き継いでいく責務があります。

このため、三島市では、地球環境を人類共通の問題と認識し、自然と共生しつつ、環境への負荷が少ない資源循環型社会の実現を目的に、「環境対策先進都市」を重要施策に掲げ、ＩＳＯ１４００１の認証取得を最優先課題として取り組んで参りました。

ＩＳＯの認証取得は、いわば環境対策先進都市への第一歩であり、まず市が率先して自らに厳しい環境基準を課すＩＳＯを取得することが、郷土から地球環境に至る環境問題の解決に不可欠な全ての市民も、事業者の環境に対する実践活動への大きな礎になるものと確信しています。

真価が問われる

「ＩＳＯ１４００１」を取得したからといって安心してはならない。一度取得すれば何かの資格のように永く保持していればいいというものではない。一年毎に見直しが要求される。部分的には審査される。また、三年毎に更新審査を受けてその取得後の成果をクリアしなければならない。更新の審査を通らなければ、せっかくの「ＩＳＯ１４００１」取得は取り消されてしまうという厳しいものである。

取得は三島が環境対策先進都市としてのスタートを切った証ではあったが、それはあくまでも「ホップ」であり、次のステップではさらに高くジャンプしなければならない。

市が「ＩＳＯ１４００１」を取得したことは、環境問題に取り組む体制を作りあげたことである。環境保全の役割を全職員、全事業所、施設それぞれが明確にしたことでもある。

次は、市と市民、事業者の三者が共有するものが必要であった。環境に対する共通の考え方を統一していくことであった。環境についての三者間の枠組み、約束事を作る必要があった。その前提は、先人から受け継がれた郷土の良好な環境を守り育て、次の世代に引き継いでいくこと以外にはない。

平成一一年から市民と市民団体、事業者団体の代表者と有識者で構成した、環境審議会の方々にお願いして、環境の保全と創造を進めていく指針となる「三島市環境基本条例」案を諮問してもらい、その制定へ向かうことになった。

三島市民環境大学

平成一三年六月二二日、「環境ＩＳＯ」取得後一年が経ち、念願の三島市民環境大学がようやく開校する運びとなった。この市民大学は、環境基本条例の精神に則って開いたものである。

市が先頭に立ち「環境ＩＳＯ」を取得した後は、市民がバトンタッチしてくれる。長いレースを着実に走ってくれるランナーになってほしい。文字通り市民に託する市民のための大学である。市と市民と企業の三者が一体になって進むのが「環境先進都市」への道。その三者の協力・協働なくしては道は拓けない。とてつもなく長いレースであり、次の世代のためのコースである。そして、地域に密着して活躍してくれる次世代のための「エコリーダー」の養成が市民環境大学の狙いである。

受講生は、一七五人（男一〇六人／女六九人）、平均年齢五五歳（最高齢八八歳、最年少一六歳）であった。さまざまな市民が環境に対して関心を持って下さる。世代が異なっても受講生の表情にはやや緊張の面もちがある。しかし、三島を継いで下さる実にたのもしい人々であると思った。その彼らを信じるしかない。

開校式では、「三島市民憲章」を全員で読み上げた。続いて、私は次のような挨拶をした。

二一世紀はまさに環境の世紀です。その幕開けとなる二〇〇一年六月一日、三島市民環境大学が開学することができました。定員一〇〇人のところ一七五人の応募者があったのは、市民の環境への関心の高さと情熱が窺え実に頼もしい限りです。開学にあたっては、地元の大学である日本大学国際関係学部（佐藤学部長）にお礼を申し上げます。講師派遣や大学講義室の提供など骨を折ってくださったことに心から感謝致します。

地球規模で環境問題がますます深刻化している。そのような状況で三島市がどのような都市になるべきか考えなければならないと思います。

三島市では、本年からスタートした第三次総合計画で二一世紀初頭の将来都市像を「水と緑と人が輝く夢あるまち・三島」とし、サブタイトル「環境先進都市をめざして」を掲げ、「自然と共生する中で、持続的発展が可能な資源循環型社会の実現」を目標に積極的に環境施策の推進に努力して行きます。

しかし、環境問題の根本的な解決には、行政はもとより、市民、事業者自らが環境行動を起こすことが必要です。つまり、三者がおたがいに協力してアクションを起こすことが不可欠です。そして、行政、市民、事業者の三者を含めた環境教育の充実こそが、三島市にとっての最重要課題であると考えました。

三島市民環境大学は、環境意識を高め、環境活動への自覚と責任を養い、自ら実践する環境ボランティアを育成するとともに、いろいろな環境活動に率先して参加し、その普及に先導的役割を担う地域の「エコリーダー」の養成を目標に開設しました。

教育理念は、三島市の環境目標に因み、「循環と共生による持続可能な社会の実現」とし、「循環」と「共生」をキーワードにカリキュラムを設定、講師陣には、環境問題に詳しい地元の日本大学や国立遺伝学研究所の先生をはじめ、それぞれの分野で第一人者といわれる先生にお願いしました。

三島市民環境大学で二年間しっかり学んだ人間は、学んだ知識を踏み台にして、三島市から地球規模の広い視野で、環境を考え、行動する「エコリーダー」として自立し、環境世紀の支えとなさっていただきたい。それを信じています。

第４章

市政への信頼回復

楽寿園

職員の意識改革へ

平成一〇年の「あかなすの里」事件は、市政そのものを揺るがす一大事であった。当然のことかもしれないが、市民が市政を「遠い存在のもの」と思い込んだ場合、その回復にはなかなかの時間がかかる。

つまり、市政そのものに根本からの不信感が生じてしまったのである。市民の不信は職員のスランプ、不振に繋がる。市政に対する眼差しがきつくなる。下手をすると市政そのものに不審なものを感じてしまう人も出てくる。そして市職員も屈折してしまい、不振を滞留しつづけて行く。その微妙だが鬱然とした空気を市長就任直後、とっさに感じとった。

ならば、最初に取り組むべきことは、市民が市政にそっぽを向いている状態を直すこと、ことばに表せないほどの不信感を持たれているのを「信頼」にいち早く置き換えることであった。不信はすぐさま払拭せねばならない。これが最初で最大の課題であり、もっとも急を要する仕事となった。

そのために取り組むべきものは、職員の意識改革である。沈滞した気分と意識を断固として改革しなければならない。

しかし、「言うは易く行なうは難し」である。ふだんの意識を改革せよと言っても、なかなか染みついたものは変えられるようで変わらないものだ、と思っている人もいる。投げやりになってしまう人がいたかもしれない。それほど、諸個人に旧来の意識が付着していた。事件以来、職員の大半は、市民に対して「負け犬」のような気分に陥っていたといっても言い過ぎではない。庁舎全体が暗く落ちこんでいたといってもいい状態であった。

「五、七、五」一七文字の標語

今、若い職員に向かって「職員とは市民の公僕ですよ」と言っても、うまく響かないところがある。世代間のコミュニケーション・ギャップではない。彼らには「公僕」ということばが死語になっているのかもしれない。しかし、それを嘆かわしいと言っているだけでもだめだ。若い職員に響くことばが重要であり、しかも彼らが自発的に「公僕」性を意味することばを生み出した時には、それが仕事の引き金になるはずだ。

私は、「市民の公僕」ということばを「五、七、五」の標語に仕立て言い換えてみようと思い立った。さっそく、平成一一年三月三一日まで（市長就任後、約三ヶ月）を期限として「標語」の募集を試みた。応募者は全職員が対象、部長も課長も係長も誰もが参加させることにした。

最初の頃は、意外と応募が少ないかなぁと不安な面もちでいたが、逆にどんな応えが返ってくるのかが楽しみにもなった。誰それさんが応募しているなどという声がちらほらと耳に入ってきた。

最終的には四七通の標語が寄せられた。全作品を部長会議で検討して絞り込み、最終的には市長の私、助役、収入役、教育長の四名で最優秀作候補を決め、さらに部長会議で決定するという手続きを踏んだ。

「思いやり、大きな心で、小さな親切」

標語の優秀作には、水道部下水道建設課の三田由美子さんの作品が選ばれた。「思いやり」

ということばが、なんとも若い女性らしい。優しさを顕している。何か強制的な響きがなく無理強いされる感じもしない。また、平易で言いやすいのもよかった。「大きな心と小さい親切」という、大小の対比がなんともいえない味だ。凡庸のように見えて非凡な作品だった。市職員の意識改革の出発点を鮮やかに映しだしているようであった。

さっそく、この標語を大きな看板に書き上げ、本庁玄関に掲げてみた。庁舎を訪れる市民が気づく。毎日通ってくる職員はいやでも目に入る。当然、市の他の施設ばかりでなく、各課内で大きく書き出して貼ってもらった。ここからが勝負だ。毎日、この標語を見ながら仕事をするようにする。一種の市民への誓いである。職員の合い言葉として地に足がついてくれればうれしい限りだ。

挨拶運動

標語を掲げるのと同時に挨拶運動を徹底していった。まず、私から「おはようございます」、「ごくろうさまです」と大きな声で言い始めた。最初は戸惑った人もいないではなかった。とにかく、名前も部署も分からなくてもすれ違う職員に声をかける。部長会議や部課長会議でも口をすっぱくして挨拶をきちんとしようと言った。

最初は小さな返事だったが、二回三回と続くと、次にはこちらもびっくりするくらいの大きな声が飛んでくるようになってきた。庁内でみんなが挨拶を掛け合うようになった。何かが破れ始め、職場が明るくなったような気がした。

あと一歩進める。市民の皆様へ大きな声で挨拶するように呼び掛けた。市役所を訪れるどんな人にも、大きな声を掛けるようにする。

「おはようございます」、「こんにちは」、「どちらへ行かれますか?」、「ごくろうさまです」を職員の方から率先して声をかける。市民に話しかけるように挨拶をする。こういったこと、日常の何気ない積み重ねが重要であって、時間はかかるかもしれないが、やがては市民からの「信頼回復」に繋がると、会議の度に何度も力説した。

市民からの二通の手紙

しばらくして、私のところに立て続けに手紙が届いた。一通は市役所近くにお住まいのご高齢の方からであった。

「重い荷物を両手で持って歩いていた時、雨が降って来ました。これはどうしたことかと思案に暮れていたら、さっとコウモリ傘をさしかけてくれた若い女性がいました。その人は親切にも私の自宅まで傘をさして送ってくれました。大変に助かったばかりか、その心持ちがうれしい。なんべんお名前を聞いても、ましてお勤め先も教えてくれなかった。しかし、近所の人に聞くと、その人は市役所の中央町別館に出入りしている人らしく、たぶん、職員の方だと思います。そこで、市長さんにこんなお礼の手紙を出すことになったのです」と、したためられていた。

次の週に届いた一通は、三嶋大社での小さな親切を心に留めた手紙であった。

「大社の境内で石につまずいて、打ちどころが悪くケガをしてうずくまっていたところを、男の方が来て抱き起こして、その人が携帯電話で救急車を呼んでくれた。こんなにうれしいことはなかった。お名前を聞かなかったもので誰だか分からないが、救急車の人は、その人は市役所の人だと言っていたので、代わりに市長さんにお礼の手紙を出します」という文面であった。

実にうれしい話だった。「思いやり　大きな心で　小さな親切」という標語が少しずつ生き始めたのか。小さな好意が思わぬ感謝を受け取る。彼女や彼が何気なく行なったことは全職員に報せるべきもの。すぐさま、二通の手紙をコピーして全職員に回覧させた。

「頼まれたことは迅速に」

信頼回復の道とは決して簡単な道ではない。これまでの市民との接し方から根本的に変えなくてはならない。窓口で接する時、庁舎の廊下ですれ違う時の職員の態度が基本の基本。市民は職員のふだんの姿を実によく見ている。だから、単純にして明快な方針を徹底させた。

「できることはすぐにやる」であり、
「できないことは、なぜ、今、できないかを説明し納得してもらう」。

口酸っぱく、その二つを実行せよと言った。
市役所の窓口に来た人が、事情をうまく表せない場合もある。口頭でうまく言えない人がいても、その人にとっては切実な問題である。また、その人が抱える問題が普遍的で、市全体の課題として取り組まなければならない場合もある。

要は、聞く耳を持つことだ。どんな要望書であれ、メモでも陳情書でも何でも市民からのものは迅速に処理する。市全体、職員全員にその徹底が進めば信頼回復の道に絶対に繋がる。

土曜日の開庁

平成一一年三月より土曜日を開庁することにした。市長に就任してから多くの人に会い、いろいろな場所に足を運んだが、その折、「土曜日に市役所を開いて欲しい」という声がかなりあった。

「月曜から金曜まで働いていて、やれやれ土曜日は体が空いたから、市役所へ行って印鑑証明や住民票を取りたいなと思っても、開いていない。土曜が休みというのはなんとか考えていただけないか」というご意見であった。誠にもっともである。

市民の拠り所が市役所であるという考え方、市役所は市民のサービス機関と積極的に考えれば、この声は実に的を射ている。私は、市役所が普通の会社と横並びで土曜も休みとするのではなく、市民向けサービス事業の機関としてそのご意見を受け入れることにした。

さっそく、人事文書課を中心に土曜開庁の実行プランの検討に入り、職員組合とは何度も協議を重ねた結果、ご理解を得ることができた。

就任してから三ヶ月ほど経った平成一一年三月から、毎週土曜日の開庁が始まった。ちなみに、市役所を訪れる市民の数は、最初の三月は合計一八二件、四月は合計一二五件であり、土曜開庁を実行している全国の同規模の市では、件数で断然トップであった。それだけ要望が高かった証拠である。

以降、現在に至るまで土曜日の開庁は続けられ、市民にも職員にもごく普通なものと受け止められている。市民のご指摘に従ってあたり前のことがやれるようになったことは実にうれしい。

楽寿園の正月開園と商店街

市長に就任するまでは気が付かなかったのだが、楽寿園は正月の三が日のうち二日だけしか開園していなかった。元日と三日目はお休みであった。

ちょっとおかしい。正月の三が日、三嶋大社を訪れる参拝客は六一万人を数える。この人々を名勝・楽寿園に寄ってもらうという発想が少ないことに驚いた。そのまま帰らせてしまうなんてもったいない話だ。職員組合の加藤委員長ほか代表者の方と協議して、楽寿園はこれまでの正月二日だけではなく、三が日を開くようになった。平成一二年の正月から三嶋大社と楽寿園は繋がった。

しかも、三嶋大社から楽寿園まで参拝客にそぞろ歩きをしてもらえば、商店街にとってもいいお客様になるはず。三島市観光協会会長の西原貞夫氏との会話でも何度も話題になった。

六一万人の人々が三島に集まってくるのは凄いことだ。三嶋大社の大変な力であり、市にとっては有形無形の財産である。それを生かさない手はない。正月の三が日、商店街のシャッターはほとんど降りていたから、「ぜひ、店のシャッターを開けてほしい」「六一万人もの宝をむざむざと逃さないでほしい」と大通り商店街をはじめ各商店街の方々に事ある毎にお願いした。

そして、平成一三年の正月から、参拝客を迎え入れる三日間を「新世紀感謝祭」と名付けてスタートした。歴史的遺産、自然遺産を尊ぶ近隣の多くの市民と、それを快く迎え入れる商店街の生き生きとした関係が生まれ始めた。

私のところに富士市や裾野市の方から思わぬ電話をもらった。「三島の商店街で正月三が日開いてくれて良かった」と。同じような話は商店街の方にも聞こえてきたようである。「来年もぜひやりたい」と勢いこんでいるのは、文字通り商店街の活性化に繋がる話、実にたのもしい。

市長交際費

私が市長になった時(平成一〇年一二月二〇日)の市長交際費は、年間六五〇万円であった。平成一一年度の予算編成にあたって、私は交際費を二八〇万円に削減した。

秘書課長が「三七〇万円も削ってやっていけますか。六割近くですよ」と真顔でいう。私の答えは「やっていくんだ」であった。説明は要らない。これでやるしかないのだ。

翌年、平成一二年度の予算編成時にまた、市長交際費の額を決める会議があった。私は、前年の半分、一四〇万にしようと提案した。これにはさすがにみんなが顔を見合わせ驚いた。しかし、私の意思が固いのを知ると黙ってしまった。(平成一三年度も一四〇万円)やればできるものさ。経費節減の先頭を、私が切らなければ誰がする。市長たる者の責務以外のなにものでもない。上に立つ者こそ身を律し、範を垂れるだけだ。

「市長交際費半減」という記事が時事通信から全国に配信されたのを後で知ったが、県下二一市の中では一番低い額かもしれないが、こんなことがニュースになるのは、むしろ恥ずかしいことなのだ。それよりも三島市の輝かしい誇り、胸をはれるような出来事が記事になる方がうれしい。(当時、秘書課長宛に監査委員であった松田三男市議から「あんまり無理するな」との伝言があったらしい)。

また、市議会にお願いして市長就任以来、期末手当を二〇%カットし、助役、収入役、教育長の三役の方々にも一〇%カットをお願いしている。

仕事始めで強調

経費節減は勇猛果敢にやらねばならない。平成一二年一月四日、市役所の仕事始め式が第一会議室で開かれる。その挨拶は全庁内に放送される。その時、やや力瘤を入れてしゃべった。その折りの挨拶を市民に報告した。

私は今年の方針として、三点を強調しました。

第一は、市職員は市民の公僕である事を片時も忘れる事なく、サービス向上に努めるべきである。財政の厳しい中、最小の経費で最大の効果をあげる様、創意・工夫に努める必要がある。昨年の市政への信頼回復のための標語募集の最優秀作品「思いやり 大きな心で 小さな親切」の精神で、明るく、親切に、迅速に仕事に励むべきである。そして、市民の要望で出来るものは、直ちに実行し、出来ないものは何故出来ないかを説明し、メリハリのある、打てば響く様な市政の実現に努力しよう。

第二は、市民の皆様方から頂いた税金は、血と汗と涙の結晶である。この不況下、税金を納める為に、血のにじむ様な努力をしている。この事に思いを至した時、一銭たりとも無駄に使ってはならない。今年も市長が経費節減の先頭に立つ。例えば、市長交際費を一〇年度六五〇万円、一一年度二八〇万円、更に一二年度は一四〇万円とする。是非とも市職員も経費節減に努力して欲しい。しかし、市民サービスの向上・市政進展の為の必要経費は出費し、勇猛果敢に政策の実現に努力しよう。

第三は、市民の皆様方と同じ目線で物事を見、考え、判断すべきであり、より市民参加型の市政の実現に努めるべきである。市内の全ての自治会一三二自治会での市政座談会を計画実行し、一月末で八八自治会を回ってきたのも、市政への信頼回復と同時に、直接市民の声をお聞きし、市政に反映させる為である。市民の皆様方の貴重なご叱正、ご質問、ご提言は、必ず明日のより良き市政実現の為に役立つものである。

以上の三点を、今年の基本姿勢として市政運営に当たりますので、市民の皆様方のご協力をお願い致します。

（「広報みしま」平成一二年二月一日号）

入札制度改善

「市政に対する市民の信頼回復は急務」との認識から、ことごとく市職員の意識改革を試みた。公僕意識、市民からの要望には迅速な対応、つまり、ツーと言えばカー、打てば響く関係が市政のあるべき姿である。現在も信頼回復のためのプロセスが進行中であるが、市政が公平で公正になっているという印象が持たれれば、一歩近づいたことになる。

その代表が「入札制度」の改善である。市民サイドから見れば、「入札制度」はブラックボックスで実体がよくわからないかもしれない。特定の人が決めていてその人たちだけが益しているのではないかとか、公平を避けている所ではないかとか、「入札制度」は疑心暗鬼の常在するところでもある。これをなんとか公明正大にしなければならない。

平成一一年度から市の工事を行なう場合に、現場説明会や指名業者の公表を廃止した。どの件、どの工事でいかなる業者が入札に参加するかをわからなくするためである。つまり、いわゆる談合、業者同士の申し合わせによる受注が出来なくするための状況を作る必要があった。そして、入札会場は公開し、一方で入札結果を公表したのは当然である。

平成一三年度からは制限付きの一般競争入札を導入した。(例：錦田小学校の本体工事、機械工事、電気工事等合計九件)制限付きとは、条件付きといってもいい。

例えば、工事をする会社や営業所が静岡県に所在することに限るとか、今までの経営成績が何点以上であるとか、入札物件と同規模の建物を過去五年の間に建設した経験のある会社とか、制限(＝条件)を付けることをいう。その条件に適わない業者は、入札に参加することができない仕組みになっている。制限をつけることによって、ある品質を保てるし、そうでない会社をある基準で条件外とすることができるわけだ。

また、業者には等級があるが、この等級による「格付け」は個別通知で公表した。さらに、設計図書のCD化の導入を図った。(例：建築一式工事A等級に対応する工事)

平成一三年度からは、設計図書のCD化またはFD化の範囲を拡大した(建築部門…建築工事、電気工事、管工事)。CD化をすすめた結果、これまで膨大なコピーに手間取っていた時間と、コピー費用の節減が期待できる。

公平を要求される「入札制度」の改善は一歩進んだ。その結果として落札率は、平成一一年度九四・六三%、平成一二年度九二・五%となっている。

しかし、まだまだ登頂前の緊張が続くと思っている。

第5章

財政の健全化

リサイクル自転車

体力蓄積型の予算

「財政の健全化」は、「市政への信頼回復」と並ぶ私の公約の大きな柱である。市の財政を健全化するというのは、ちょっとした壁の塗り替えや傷んだ屋根を修復する工事とは違う。並大抵のことではないが、これを突破することなくしては三島の将来も何もない。健全化のためには強い決意が必要であった。

平成一一年度予算は、自ら「体力蓄積型予算」と名付けた。そして市議会で審議していただき、前年比三・八％減の予算となった。さらに、平成一二年度予算は、重点施策を高順位から解決するため、前年度対比一二％増の重点課題解決型予算とした。さっそく、そのことを市民に報告した。

三月一日〜二二日、一二年度の予算案を市議会で御審議頂きました。一一年度の予算は、前年度対比三・八％減の体力蓄積型の予算でした。

それは、一二年度以降、将来に先送り出来ない重要課題、具体的には、一四年一二月のダイオキシン排出基準に適合させるためのゴミ焼却施設のダイオキシン対策と焼却炉の抜本改修。錦田小の校舎移転改築(現在児童一人当たりの運動場面積が他校に比べ二分の一、更に県道拡幅で削られ狭隘となる。また耐震診断の結果、緊急に校舎改築が必要とされたため)、更に現県立南高校用地買収、中学校給食、向山古墳群公園等の事業の重要度、緊急性、優先順位や事業規模、事業費等の十分な検討も必要になります。また、多額の費用を要することも踏まえ、一一年度では、必要不可欠な事務事業に留めた予算とし、将来の重要課題に対応する布石としての体力蓄積型予算としたものです。

一一年度は、財政調整基金に四億五〇〇〇万円積み増し、一〇年度の市債三六億円を九億三〇〇〇万円と大幅に圧縮しました。また、一二年度予算編成に当たり市長交際費を二分の一の一四〇万円とする等経常経費削減に取り組み、二億六〇〇〇万円節減しました。この上に立って、重要課題の緊急性、重要性を考慮し、優先順位を決め、ダイオキシン対策と炉の全面改修、錦田小移転用地買収と造成、中郷中・錦田中の耐震補強工事等に財源の重点的配分を行なった結果、前年度対比一二％増の重要課題解決型予算といたしました。

前述した様に重要課題は山積していますが、これを年度ごとに優先順をつけ解決を図る一方、常に財政状況と財政の健全化には十分留意して参る所存であります。

（「広報みしま」平成一二年四月一日号）

削減、削減

合い言葉は経費削減である。職員の前ではひっきりなしの口癖になった。部長会議でも部課長会議でも何度も口にした。要するに気がつくところは、全てカットの対象、職員各自が創意工夫して切りつめることに一生懸命になるかならぬかである。その結果、次のような削減結果が出た。

・市単独運営費補助金の削減…平成一一年度　減額二七件　廃止七件
　　　　　　　　　　　　　　平成一二年度　減額一九件　廃止六件

・市長等交際費削減
　　　　　　　　　…平成一一年度　五〇八万円削減

・市長等期末手当削減　平成一二年度　一九〇万円削減
・修繕料の削減…市長二〇％、助役、収入役、教育長各一〇％削減
・消耗品費の削減…平成一二年度　三四七六万九〇〇〇円
・報償費の削減…平成一二年度　四〇八九万七〇〇〇円
・食糧費の削減…平成一二年度　六三六万一〇〇〇円
…平成一二年度　四三一万七〇〇〇円

また、これまで市はいくつかの大会やまつり、イベントを主催したり、共催してきたが、各部がそれぞれの管轄で行なってきた。今後はその管理窓口を一本化する方向で検討する。統合することによって全体のバランスの中で経費を見直すことにした。システム化の一例である。

市役所では昼休み時の消灯、ＯＡ機器の節電、冷暖房の適正温度を設定し、光熱費の削減なども励行させた。「気がつけば、とにもかくにも経費節減」である。

その結果、平成一二年度一億五三四二万九〇〇〇円、三カ年合計で四億一四六三万一〇〇〇円の節減になった。とにかく支出を減らすことに専念した。

公債費比率

市長就任後の平成一一年の市議会で、私は「財政健全化」を図る指標である公債費比率を一五・三％よりは上に持っていかないと明言した。いわば市議会への公約である。

平成一〇年度の市債が三六億円もあったのを、一一年度予算では、九億四〇〇万円と圧

縮した。しかし、市債で政府債を借りると、元金返済は三年据え置きの期間がある（*政府債平成一一年度の市債全体の五四%）ので、その効果が現れるのは四年後からである。そして、平成一一年度の公債費比率を一四・九%にし、平成一二年度の公債費比率も、一四・九%、平成一三年にはピークを迎えるが、どうやら一五%以下に押さえ込むことができそうである。

公債費比率とは市債発行のため借りたお金を返すために一般財源がどのくらい使われたかを示す指標である。この指標も、経常収支比率と同様に、財政の硬直化を図る目安となる。全国市町村の平均比率は、一五・八%である。これが上昇していけばいくほど自治体の財政は苦しくなる。借金返済のための経費が多くなっていることを示し、社会基盤整備や福祉のために使う金が少なくなる。ちなみに、公債費比率一五%以上は、黄信号（サッカーで例えればイエローカード）、二〇%以上は赤信号（レッドカード）と言われている。

*「公債費比率」は、次の計算式で求める。
{A－（B＋C)}÷（D－C）×100
A：当該年度の普通会計に係る元利償還金（繰上償還分を除く）
B：元利償還金に充てられた特定財源
C：普通交付税の算定において災害復旧費、辺地対策事業債償還費、地域改善対策事業債償還費、公害防止事業債（普通会計に属するものに限る）償還費、石油コンビナート等特別防災区域に係る緑地等の設置のための地方債償還費、地方税減収補填債償還費、地震対策緊急整備事業債償還費、地域財政特例対策債償還費、臨時財政特別債償還費（普通会計に属するものに限る）、災害復興等のための地方債利子支払費、財源対策債償

還費、減税補填債償還費として基準財政需要額に算入された公債費（一部事務組合の地方債に係るものを除く）

D：標準財政規模

平成一三年度を初年度とする「第三次三島市総合計画」がスタートしたが、それを五年毎に区切って実施計画に網羅されている事業実施計画を入れてシュミレーションしてみると、今後の公債費比率は、以下のように推移すると思われる。

平成一三年度末…一四・九％
平成一四年度末…一四・八％
平成一五年度末…一四・七％
平成一六年度末…一三・一％
平成一七年度末…一三・八％（いずれも推定）

従って「第三次総合計画」の一〇ヶ年計画が終了する平成二二年度には、公債費比率は一三％台に持っていくことができると思っている。

公債について一番大事なことは、いっぺんに集中的に借金（市債）をしないことにつきる。そのためには重点施策を絶えずチェックして優先順位をつける。財源の重点的な配分が大事である。どの施策をどの年度にもって行くのがいいのかを決める。その判断を誤るととんでもないことになる。

借金をつくったまま成り行きまかせ、国からの支援まかせでいたのでは、そのつけは次の世代が背負うことになってしまうのだ。それこそ、とりかえしのつかないことになってしまう。

地方交付税について

国から交付される「地方交付税」が削減される傾向にある。平成一三年度一般会計当初の予算では、約四億六千万円が減額されている。それでも約二五億九〇〇〇万円の地方交付税が国から市に来る。市の予算の中に地方交付税が占める割合は、約七・六％。

今や時の流れは、平成一二年四月一日施行された「地方分権一括法」以降、地方の時代、地方分権の時代の流れが加速している。これまでは、国からの通達や県からの指導に従っていれば、そこそこの行政はできた。そんな側面を見て「各自治体の施策は金太郎飴みたい」と言われたりしてもいた。

しかし、今後はそうはいかない。自ら考え、立案し、財源を確保し、決定し、自治体が責任を持つ時代だ。そんな意味も込めて地方交付税のことを知っていただきたく、「広報みしま」で報告した。

今回は、地方交付税について述べて参ります。

地方交付税は、国から地方に交付されるもので、地方自治体にとっては、固有の財源といえます。小泉内閣は、来年度この地方交付税の基である歳出を一兆円削減する意向を示しています。もし、一兆円削減された場合、三島市にも少なからず影響が出ます。

本市の場合、今年度当初予算は、三四二億六八〇〇万円（昨年度対比一％増）です。その財源の第一位は、市税で一五九億二〇〇〇万円余（四六・五％）です。第二位は、諸収入で三九億二〇〇〇万円余（一一・四％）、第三位は市債（建設事業等に充てる国などからの借入金）で二九億二〇〇〇万円弱です。第四位がこの地方交付税で二五億九〇〇〇万円（七・六％）です。大変多額で、予算全体の構成比率も高いものです。本年度は、国の方針で四億六〇〇〇万円も既に削減されています。それぞれの地方自治体と国が行なう仕事の量は、全体で六対四です。一方、この仕事を行なう為の税収は、地方自治体が四で、国が六です。

これからは、地方の時代といわれ、地方分権一括法が昨年四月から施行され、許認可権等の権限が今後地方自治体に移管されてきますが、税源も移譲されませんと仕事ができません。真の地方分権時代の到来には地方への税源移譲をぬきにしては考えられません。国から地方へ交付される地方交付税は、いわゆる国税五税のそれぞれの割合で地方へきます。所得税三二％、酒税三二％、法人税三五・八％、消費税二九・五％、たばこ税二五％です。

これは、地方自治体に絶対必要な財源であります。政府は、地方交付税の一兆円削減を言う前に、まず、これら財源を地方へ移譲し、真の地方自治の確立を推進すべきだと思います。

（「広報みしま」平成一三年七月一日号）

「財政の健全化」は、発展途上である。経費削減は努力に努力を重ねてここまで来たが、今後の課題は、真の地方自治のための新たな財源の確保と、その効率的運用である。「最小の経費で最大の効果」が私の口癖だが、行なった事業に対する評価をきちんとして行く。そして次のステップへ行くことが出来るようにする。今は、試行段階だが、平成一五年度から行政評価制度を採り入れて行くつもりだ。

第6章

市民との対話

三島夏まつり

対話していく姿勢を貫く

平成一〇年一二月に市長に就任、市政を担当する立場になった時から、絶対に心がけようと思ったことがある。それは市民と絶えず対話していく姿勢を貫こうということであった。

二〇年余りの市議〜県議生活は、常に市民の側に立ち、市民の真の要望を市政、県政に反映していったという自負が少なからずある。

しかし、市政のある種の混乱を見てしまった市民にとって「市は何をやっているんだ!」という怒りや不満が渦を巻いていたのは事実。そんな時に「三島市の再生」というスローガンを掲げて激戦の上就任したが、市政に対する市民の眼は当然のことながら厳しいものがある。だからこそ、市政のトップに立った以上すぐやらねばならないことは、「市民の市政に対する信頼の回復」であった。しかも鮮明に早急に「何をなすべきか」を提示しなくてはならない。

これまでは、情報公開を十分にしてこなかった。それも市政に対する信頼感が薄れてしまう一因である。例えば、市の財政が逼迫していることを正確に伝えていなかった。それでは信頼は失われる。

今は、一方通行の上からの伝達だけではだめだ。ある日突然「こうなりました」と言われても、その実態を知らされなかった市民は驚いたまま黙ってしまう。そんな事が続くと、ついつい市政そのものを疑ってしまう。まして、一人ひとりの市民は将来の自分の生活が第一と考えている。自分たちの暮らしと縁遠い市政だなぁと感じ始めるとやりきれなくなり、やがて協力的でなくなる。

スピードが第一。市の姿勢と方針、その施策をいち早く説明していくことがもっとも大切だ。私に市長をやれ！　と投票してくれた方々も、別の候補者に一票を投じた人も「三島の再生」を願っている。その人たちに応えるには、これまでの通常のやり方では済まされない。

就任後の市長としての第一声は、「夢と潤いのある明るいまちづくり」であった。そのためには、市民が総参加すること、そして職員の協力が絶対条件であった。その二つが揃わないならば「三島市の再生」という図面は、ただの画いた餅で終わってしまう。

「ご挨拶」ではこう記した。

市がさらに飛躍、発展するためには、市政の信頼回復と財政の健全化が緊急課題であります。このため、自ら市内を歩き、状況の把握につとめるのは勿論、市民の意見、提言に率直に耳を傾けて参りたいと存じます。また、情報公開による開かれたガラス張りの市政をはじめ、機構、新総合計画等の見直しなど、積極的な行政改革と可能な限りの経費節減を図り、効率の良い行財政運営に努めて参ります。

三島市民はこの町で生まれ育った人が約半分いる。もう半分の市民は根っからの何代も続いた三島市民ではない。三島駅に新幹線が止まるようになってから顕著になったが、三島に居住しながら東京や横浜、静岡、富士あたりの会社に通う人々も増えてきているが、その人たちも含めて、みんなが三島っ子だ。この三島っ子にとって「三島は暮らしやすい、良いまち」と言ってくれるようにする！

三島市民が日本中に向かって世界中の人々に対して誇りを持つようになるにはどうしたらいいか。市長の責任の大きさに身震いしたが、方法がみつかると自信に繋がった。三島の誇りを作るという大きな仕事は、市民と職員の協働で作る。さっそく、市民の声や意見がたまるところに出かけようとした。真摯に耳を傾けることが急務であった。

ふんだんに市民と接する

とにもかくにも市民と接する機会を増やすことにした。どんな場でもあれば出かける。そこでは市民の声が聞こえてくるはずだ。つぶやきもある。声にならない声もある。それにじっと耳を傾ける。黙って何もおっしゃらない方もいるかもしれない。だが、その目線が何を語っているのかを感じ取ればいい。やがて、見えてこなかったものも見えてくるはずだ。

就任してから数日後、市長として市民に出会う機会があった。昭和五三年から発行を続けている『文芸三島』の表彰式であった。小説、評論、随筆、詩、短歌、俳句などに秀でた受賞者に賞状を手渡した後、談笑しながら感じたことがあった。その後、五〇年近く続いている三島市美術展、三島市演劇祭などにも出席したが、三島市民の文化に対する意識レベルが持続的でかつ高いことを知り、改めて積み重ねられた貴重な財産であると思い至った。この資産を次の世代に受け継がせる三島市でなくてはならない。いろいろなアイデアが浮かんだりした。

正月には佐野楽寿寮に行った。例年、入居しているお年寄りに市長がお年玉を手渡す恒例行事と聞いていたが、「新年おめでとうございます」「皆さん、お元気ですか」とねぎらいの言葉をかけると、私の両親と同じ世代の方々であるだけに、ついつい涙腺がゆるんでしまう。来年も必ず来よう、寄らせてもらおうと思った。

また、楽寿園入園者一七〇〇万人達成記念の集まりに出かけた。一七〇〇万人目の人は仙台市の方であった。昭和二七年に開園した楽寿園が五〇年近く経ってこれだけの人々を集めていることにも驚いたが、それは歴史ある名園として厚く保存されているが故であり、同時に地主でもある緒明實氏のご厚意のおかげと思い至り、改めて環境先進都市・三島のシンボルに思いを馳せた。

生涯学習センターの利用者一〇〇万人目のお祝いにも出かけた。開館して二年足らずでこれだけの利用者がいるということは、施設があるからだけではなく、そこに集まる市民の熱望の方に目が向いた。

歴史のあるなしを問わず、市民の有形無形の財産を継続して大切にしなければならないことを思い知る機会でもあった。以後、事ある毎に私はどんな場所にも気軽に出かけるようにした。

コラム「市長室」からの発信

「広報みしま」の平成一一年二月一日号から、「市長室」というコラムを始めた。まだ、市長に就任して二ヶ月も経たない頃である。一回分は短いのだが、まとめようとするとけっこう難しかった。しゃべるのと書くのでは大違い。市議会で壇上から議員さんたちに施策を説明するのとは勝手が違う。「広報みしま」という市の情報誌の片隅であるから見落とされてしまうかもしれないが、とにかく書き続けようと思った。

市民に向かって分かりやすく書くことにした。市長としての考え方を明らかにする。小さなスペースだが、施策についての簡単な経緯、その裏付けを説明する場所にしよう。そして、この欄は平易に語りかけることを心がけた。

第一回と第二回は、第一章でも紹介した「環境問題」について記した。今後の三島のキーワードは「環境」、どうしてもやり抜かねばならないことだったからだ。平成一一年の新年号では「ISO14001」の取得について書いた。基本の考え方と取得の進め方を記した。翌年七月に取得するに至るまでコラムのほとんどは環境問題であった。

とにもかくにも市民には地球環境の現状について知って欲しかった。少しずつでもいい。資源には限りがあるということを頭の片隅に入れていただきたかった。地球資源が限界にあるという渦中に三島市民もいる。そんな中でどのような暮らしを続けていくのか。また、したのか。お手伝いと旗振りをする市が選択する方針と施策を話し続ける。「環境ISOとは」、「ゼロエミッション社会とは」と、時には難しく聞こえる話も具体的な譬えや実践例を出して書いていった。

エコ・エコデーを実施する

環境を大切にする市になるとは、駅伝のようなものだ。まず市職員が第一走者。先頭に立ってもらう。環境保護と節約運動のたすきをかけてトラックを勢いよく走ってもらう。競技場から道路に出て、次にバトンタッチするのは市民だ。次々に市民がバトンを落とすことなく走る。沿道の応援に手を振ってマイペースで走っていく。走者を見ていた子どもたちも、やがて真似をして走り出す。そんな姿にお年寄りも拍手をする。そんな環境駅伝が出来ればいい。

平成一二年四月一〇日から、毎月一〇日を「エコロジー・エコノミーデー」と決めた。その時、私がコラム「市長室」で書いた一文である。

今回は、エコ・エコデーについて述べて参ります。

環境対策先進都市を目指す三島市は、今年度から全職員挙げて取り組む環境保護と節約運動（エコロジー・エコノミーデー）を四月一〇日からスタート致しました。

毎月一〇日に実施するエコ・エコデーは、カーナイデー、ノー残業デー、ゴミナイデーと銘打ち、地球環境を保全するために、職員一人ひとりが何を為すべきかを考え実践する試みです。

普段、自家用車やバイクで通勤している職員に、徒歩や公共交通機関や自転車の利用を呼び掛けました。私は率先垂範の為、四月一〇日には、玉沢の自宅から、路線バスで登庁しました。市長車と比べて座席が高いので、普段気付かない街の様子が目に付き、特に道路から少し入った所に、電気製品等が不法投棄されているのが目立ちました。

また、五月一〇日は、徒歩で登庁し、玉沢の自宅より市役所まで六・五キロを約一時間一五分かけて歩きました。徒歩で数多くの事に気付きました。早朝の道路の渋滞状況、歩道が極めて狭く、危険が大であり、しかも歩道に民家の樹木の枝がはみ出し、車道に出ざるを得ない所があった事、また、歩道の段差があり、身障者や高齢者の車イスでの通行は不可能な所もあった事等々、これらの事はすぐ担当部課長に調整に行く様命じ、対策を講じました。

更に、歩行中は多くの市民の皆様とお会いでき、大変嬉しく、早朝のあいさつと会話をしながら、元気に登庁致しました。来る六月九日は、清掃センターで再生したリサイクル自転車で登庁致します。「一滴あつまりて大海となる、微塵つもりて須弥山となれり」という言葉があります。小さな事でも一人ひとりが努力を積み重ねる事で、環境にやさしいまちが出来るのです。多くの市民の皆様方のご協力をお願い致します。

（「広報みしま」平成一二年六月一日号）

五月一〇日、自宅から市庁まで一時間半ほどかけて歩いた。途中の道すがら汗を拭っていると思わぬ人から挨拶される。「こんにちは」と明るくニッコリされると、「こんにちは、お元気ですか」と手を挙げる。キャッチボールのようなものだ。飛んできた球を拾って投げ返す。ちゃんとグラブで受け止めてくれた時は、うれしくなる。そんな思いがけない喜びがあった。

また、目の記憶に強く残ったことも多かった。数字やグラフでしか判らなかった町のことが、もっと具体的な姿として映る。紙に書かれた姿と実景は違う。その身近な姿を見て、ぼやっと覚えていた数字が甦って来たりした。

もったいない精神

市にとって年来の大きな課題はゴミの減量化であった。可燃ゴミの量を市全体として減らさなければならない。このままの状態でゴミが続けば、清掃センターもやがてパンクする。増え続ける生ゴミを焼却する結果、ダイオキシンもまた発生し続けるような事態になってしまう。可燃ゴミ(燃えるゴミ)の総量は、ずっと右肩上がりであった。(平成八年、三万五三一三トン、平成九年、三万六五九二トン、平成一〇年、三万八九四四トン、平成一一年、三万八九一五トン、平成一二年四万一一七七トン)。家庭で出す生ゴミは約六五〇〇トン~七五〇〇トン。

ダイオキシン対策と、可燃ゴミの総量を減らす二つの目的を追求する精神とは、ものを大切にする心しかない。市民の生活に「もったいない精神」を普及することであった。

市民一人ひとりが物を大事にする運動のきっかけとして、三島市消費者連絡協議会が推奨し、自治会連合会や市内商店街が協力するという画期的な試み、「買い物袋持参運動推進協議会」が発足した。県内では初めての市民向けの呼び掛けである。その経緯を「広報みしま」に記した。

今年は、ゴミ減量化と、物を大切にし「もったいない精神」を高揚するため、皆様方のご協力を得て、買物袋持参運動を大々的に展開していこうと思います。その準備のために、昨年一二月二一日に市内の消費関連の八〇団体の役員の皆様方にご参集いただき、買物袋持参運動推進協議会を発足していただきました。県下で初めての発足です。

現在、可燃ゴミの総量を減らし、また焼却炉内の燃焼温度を下げない対策(ダイオキシン対策)のために、生ゴミ処理機の購入補助を行なっています。一二、一三年の二ヵ年で市内一四の小学校全てに大型生ゴミ処理機を設置し、給食で出た残飯等の生ゴミを処理し、出来た堆肥は花壇等に使い環境教育の材料にします。また、試験的に一つの市営集合住宅(三〇〜五〇戸)に大型生ゴミ処理機を導入していきます。更に、四月からペットボトルの分別回収を市内全域で実施します。この様に、可燃ゴミの減量化のため数々の対策を打っておりますが、可燃ゴミの中でも多いのは、品物の過剰包装の紙類・大小の箱類・スーパー等のレジでもらう袋類です。これらの減量化の対策として、買物袋持参運動を推進して参ります。

環境先進国ドイツでは、買物袋の持参が通常化され、それ自体がステイタスシンボルとなっているとのことです。この徹底ぶりは、ドイツ人の物の考え方「人間にとって大切なのは、モノやかね(金)ではなく、生活の質である」によると思います。ドイツのゴミ焼却炉の煙突は五〇本、日本では一九〇〇本と比べものになりません。ドイツでは、ゴミを出さないことが徹底されていますが、日本でもやれば出来ます。まず三島市で買物袋持参運動を展開し、ゴミの減量化を実現していきましょう。

(「広報みしま」平成一二年三月一日号)

市政座談会

三島市には一三四の自治会と町内会がある。三島市という城を支える基礎であり、基底をしっかり固めてくれているのが自治会だ。「夢と潤いのある」三島にするためには、自治会が堅固な石垣になってもらわないと困る。

現に、各自治会長・町内会長には市から地区委員としてお願いしている。しかし、市の側から一方的に方針—施策という水を流すだけではだめだ。よくわからない、わかりずらい場合もある。そんな市民の声や意見は自治会という場から聞こえるはずだ。

私は、平成一一年七月から一三四自治会・町内会を全部回ることにした。「市政座談会」と銘打ち、用意された畳敷きやフロアの部屋で市民と膝つき合わせる。同じ目線で話し合うことがもっとも大事だ。前もって質問を出してもらうことは絶対にやめた。その場で自由になんでも質問を受けるようにした。

私はざっくばらんに話すことを心がけた。かしこまっては市民も緊張してしまう。そして私の話がいかに理解されたかではなく、通らなかったかもしれないと思うことが大事なことだ。理解されなかったかもしれないと思うほうがいい。耳を傾ける態度があれば、市民一人の方が手を挙げる。その人の意見が大方の人の意見だったりする。そのことに耳を傾ける。

一方、私は財政状態も含めた市の事情を判っていただく。その上で市の方針を訴える。当然、市民からはその説明以外でも質問を受けた。市政座談会には、必ず助役以下三役、部課長等を順番に出席させた。時には前々からの課題、問題について町内の方から質問があると、その担当部課長を出席させ説明させた。多くの市民から多方面にわたっての質問や提言、また手厳しいご批評や叱声があったが、その後の市政運営に大いに役立った。実に貴重な体験であった。

市長への手紙

平成一一年七月、市民に「市長への手紙」をお願いした。

なんといっても、私には市民が頼りだ。生の声が欲しい。できるだけ現場を歩いているつもり、市民と接しているつもりだが、いつのまにか、私の方がなれ合いになってしまうのを怖れた。聞いているつもりが、実際は一部の人の声だったりする。お会いする人も限られてきたりしたら大変だ。どんな声でもいい、生の声が必要だ。私も職員もうっかり見過ごしていることがあるはずだ。また、意外な見方をする人もいる。そんな声の一つひとつが参考になる。

私宛てに市民の声がもっと直接、届くためにはどうしたらいいかを考えた。「ご意見や感想を手紙でもいいですから書いて下さい」と言っても、なかなか書こうとしない人がいる。筆無精の方もいらっしゃるし、直接電話をする人もいる。しかし、書くことをできるだけ簡単にすすめる方法として次のようにした。

以前からやっていたようだが、「広報みしま」に手紙切り抜き頁（裏表二頁）を作った。色は明るいスカイブルーで、宛名は市長の私宛。受取人払いだから、市民は切手を貼らないで済む。幼い時の図画工作の時間で楽しんだように、鋏とのりで市長宛の封筒をつくっていただく。裏の通信文欄に書いてそのまま投函してもらう。結果として、便箋も封筒も市が用意したことになる。簡素化―節約化の一例でもある。

平成一一年七月〜九月の一ヶ月間で「市長への手紙」、三一四通（五二九件）が寄せられた。市民からの多くの便りは、市政についての関心が高いことを知らされた。しかも、その大多数は具体的な質問や提言ばかりであった。その意見や要望は細部に渡っていたが、大別すると以下のようであった。

・道路の整備…六五件

・ゴミ、リサイクル問題…四四件
・交通安全、防災について…三八件
・幼稚園、小・中学校について…三六件
・まちの活性化について…三四件
・まちの景観整備について…二九件
・市の総合計画について…二七件
・公園、水辺整備について…二五件
・市職員やその業務について…二四件
・生涯学習について…二二件
・その他…一八五件

市民の関心が自分たちの生活回りについて極めて具体的であることがわかった。就任以来、環境問題について市の方針を説明し、いくつか実施して来たが、広く環境問題に関わることが多かったのはうれしい反面、責任の大きさを改めて実感した。

介護保険や学校教育問題、生涯学習問題への関心も当然ながら強い。まだまだ市の側がやっていると思いこみ勝ちでいて、実際は説明不足であることを思い知った。また、こんなに要望が強いとは思わなかったこともあった。むろん、すぐ実現できそうにもないプランを書いている方もいた。しかし、通り一遍ではない、並々ならぬ市政についての関心の高さと熱意に打たれると、忙しい合間を縫って返事を日課のようにして書いた。

以降、毎年、「広報みしま」の頁を借りて「市長への手紙」封筒は続けられている。「市長への手紙」は、平成一二年度、四七五件（二七六通）、平成一三年度、三六七件（二一一通）と続いている。

手紙は必ず、私が目を通し、宛名は自筆で書いて出した。最初の年、平成一一年は一一月三日まで返事を書いていた。書き上げるまで約三ヶ月かかった。翌、平成一二年度は約二ヶ月かかり、今年、平成一三年度は一ヶ月で集中的に返事を書くことができた。できるだけ早く返事を出さねばならないと努力した。毎日のように土日も含めて時には夜遅くまで市長室の机に座り書き続けた。

また、「市長への手紙」に続いて市民の市政の参加を募る機会を増やしていった。「第三次三島市総合計画」の三島市の将来都市像への意見・提案募集がそうである。市民にまちづくりスタッフ三〇人を求めたところ、うれしいことに六六人もの方が集まってくれた。何度か会議を続けた結果、まとまったスローガンは、「水と緑と人が輝く夢あるまち・三島」であった。市民がいかに水と緑に囲まれた生活を欲しているかがわかったが、さらにその具体的目標を募ったりした。また、環境審議会委員、景観アドバイザーなど、施策に対するアンケート参加など、市政に参加する気運を高めていった。

情報公開制度のより強い運用

市役所には市民相談室の隣に「情報公開コーナー」が置かれている。市の行政資料を自由に閲覧出来るようにしているし、行政文書の開示請求の受付場所にもなっている。市長や職員が業務上に行なった事柄の行政文書の開示ができる。

より開かれた市政をめざすためには、市長が所管している市政に関することであれば、なんでも公開することになっている。毎年減額しているが市長交際費であれ、姉妹都市への公式訪問団であれ、全部オープンにする。市民には全てを見せていくのが方針である。

ホームページ・三島

市民とは道端で話が出来るようにする。市民との通路をいくつも作る。出入り口を多くする。気軽に出たり入ったりしてもらう。気がついたことはなんでも言ってもらう。

市をそのように開いていくと、どうしても三島市のホームページが必要になってきた。やや、遅かったけれども平成一二年五月からホームページのスタートを切った。

そんな私の考えを平成一三年の仕事始めに職員を前にして語った。その要約を「広報みしま」に掲載した。国がやってくれる時代ではない、待っていてもだめ。市がやらねばならないことは多くあるが、第一に市民へのサービスのためであり、サービスには職員が迅速に応える。他山の石は早く運ぶ。よその自治体がやっていることでやれるものはすぐ研究する。そしてやる。もたもたしているのは許されない。そんな切迫した思いが原稿の根っこにあった。

昨年と同様に今年の一月四日の仕事始め式において、市の職員にお話した事を述べて参ります。

昨年四月一日施行となった地方分権一括法により、今後着実に中央集権型社会から、地方分権型社会へ移行する。この事は、これまで国の通達や県の指示に従っていれば済んでいた時代から、地方自治体自らが決定し、実施し、責任を持つ時代への変革を意味するものであり、地方自治体にとって、大変厳しい時代の到来である。

そこで、三島市においては、市発展の為、また市民サービス向上の為、市職員の創意と工夫が必要となってくる。これからは、各自治体間の競争になってくると思う。福祉・環境・教育・商工・農政等々あらゆる分野における市独自の施策の発信が必要である。それには、今まで以上に自由闊達にものが言え、働くことが出来る環境整備が必要であるし、市職員自身の研究、勉強が必要になってくる。

他市との比較も必要であるし、この部門ではどのような施策を立ち上げようとしているか、他市の状況を調査しなければならない。その為、インターネットをフルに活用してもらいたい。特に今年強調したいのは、市発展やサービス向上の為の諸施策の各部課の横断的な研究会を数多く作り、研究し、独創的な新しい施策を市長に提言してもらいたい。同時に、これらの施策を短期間のうちに立ち上げる事も必要であるし、インターネットを通じて市民や他の自治体へ情報発信する事も必要である。

上記の趣旨を一月四日に述べましたが、去る一月一一日、市役所内に、各部より一名ずつ出て、ホームページ研究会を発足させました。今年も四六時中どうすれば三島市を更に発展させ、市民の為になるかどうか考え、直ちに行動します。


（「広報みしま」平成一三年二月一日号）

平成一二年五月は、市民向けの新たな通路、「ホームページ・三島」の開設であった。市民向けのものというだけでなく、世界へ開かれた窓である。三島は世界へ向けて発信する。三島を訪れたい観光客にも、三島の実例を参考にしたい人々にも開かれている。世界中の多くの人に見られている三島になるためのステップである。

市民に見られないホームページは、ナンセンスなしろもの。無用なものはダメ。たえず、情報は正確に新しくが基本だ。続々と発信して行かねばならない。そんなスピード感を市民は理解してくれるはずだ。今のホームページは改装して二度目。今後も訪れる人々のためにどんどん進化していく。

当然の事ながら、市民向けのパソコン教室を生涯学習センターなどで開き、無料の県民インターネットスクールなど、市民がパソコンやインターネットに触れる機会をいくつか用意した。若い人から高齢の方と次第に参加者が増えていった。

三島市のホームページへのアクセス数は、平成一二度平均五三八八件であったが、平成一三年度は、月平均八七五二件となり、市民から「たいへん見やすく、情報量が多く、しかも早い」と好評である。

当然、ホームページには市の昔と今の姿を写真付きで説明した。

三島市は、「富士の白雪朝日に溶けて、溶けて流れて三島にそそぐ」と唄に唱われている。静岡県の東部、伊豆半島の玄関口、東には景勝地箱根連山、北には偉容を誇る富士の高嶺を仰ぎ、南は伊豆の温泉郷の入り口だ。そしてここ、総面積六二・一七㎢の地に一一万の人々が住んでいる

奈良・平安時代、三島は伊豆国の国府所在地として、この地方の政治・文化の中心地として栄え、鎌倉幕府を開幕した源頼朝が挙兵に当たり三島明神(現三嶋大社)に戦勝祈願をしている。頼朝により鎌倉道・下田道が整備され、現在の三島市の礎が築かれている。その後は、この地方の代官所として、また、韮山町へ代官所が動いてから(一七五

九年)は、東海道の宿場町として栄えてきた。
明治維新後、一八六八年に韮山県、一八七一年には足柄県に、そして、一八七六年に静岡県に属することになり、一八八六年になると、それまで韮山町にあった君沢郡役所が、君沢田方郡役所として三島へ移り、再びこの地域の政治の中心地となりました。その間、一八八九年には市町村制施行により「三島町」となり、その後、一九三五年に北上村、一九四一年に錦田村、一九五四年に中郷村と合併・編入し、ほぼ現在の形になっている。

(ホームページより)

富士の湧水に代表されるように、これほどの自然と歴史に恵まれた三島市は世界の中に一つしかない。だからこそ、「水と緑と文化のまち・三島」という新総合計画(平成一三年三月三一日まで)の内実を超えて進まねばならない。

新しい三島の将来都市像は、第三次総合計画「水と緑と人が輝く夢あるまち・三島—環境先進都市をめざして—」として発表された。このビジョンには多くの方々のご協力があってできあがった。「環境先進都市・三島」へと言い続けた私の姿勢と方針を理解してくれた市民の言葉、協働の成果であると同時に、計画に魂を吹き込むのはあくまでも三島市民だ。

第7章

三島の将来都市像

その計画と実践

みしまサンバ

第三次三島市総合計画

平成一三年四月一日を初年度としてスタートする「第三次三島市総合計画」の基本方針が決定したのは、二年前の平成一一年四月で、「第三次総合計画」の基本構想が市議会で議決されたのが、平成一二年一二月一二日。

「第三次総合計画」という袋に何を入れるかにあたって重要なことは、一にも二にも市民の力と意見を反映させることであった。そして、計画推進のためには、「市民主体のまちづくり」、「わかりやすい行政の推進」、「効率的な行財政の推進」、「広域行政の推進」の四項目の〝まちづくりの効率的な推進方策〟が必要であった。将来都市像に向かって邁進するには、市民―事業者―行政の三者それぞれの役割を担いながらのまちづくりを「協働」(コラボレーション)ということばで表した。

「総合計画」の策定には多くの時間と会合を要した。まず、平成一一年七月からはじめた一一〇町内会、自治会での市政座談会で出された数々の意見を集約した。ついで、平成一一年六月～七月、全世帯へのアンケートを実施。公募によるボランティア参加の「市民まちづくりスタッフ会議」六六名との会議を六回ほど重ね、報告会を二回ほど設けた。なお、庁内では策定検討会を八〇回、庁内検討会一一回、総合審議会一一回、同報告会一回、市議会議員説明会二回を重ねて、ようやく、三島の将来都市像である「第三次総合計画」がその年の一二月に決定された。

「第三次総合計画」の完成にあたって、「広報みしま」(後、ホームページにも発表)に発表した私の挨拶文を転載する。

二一世紀の初頭における、今後の一〇年間を見据えた将来計画である「第三次三島市総合計画」が、多数の市民と行政との〝協働〟により完成いたしました。

前計画の将来都市像は「水と緑と文化のまち・三島」でしたが、平成一二（二〇〇〇）年一二月一二日に議決された第三次三島市総合計画基本構想の将来都市像は、「水と緑と人が輝く夢あるまち・三島」とし、サブタイトルを「環境先進都市をめざして」としました。

この将来都市像は、当市の象徴である清らかな湧水と楽寿園などの優れた緑を守りながら、市民が未来に夢を持ち、まちづくりに積極的に参画していく姿をあらわしています。同時に、人と自然が共生を図るなかで、持続的発展が可能となる環境先進都市の実現に、市民を挙げて全力で取り組んでいく姿勢を明確にしたものでもあります。

第三次三島市総合計画では、地球規模の環境問題への対応、少子高齢社会への対応、高度情報社会への対応、男女共同参画社会への対応などの、新たな課題に対応するための施策を盛り込み、特に今後五年間の市政運営の道程となる基本計画には、新たに達成目標や市民参画の方策を加えました。

また一方、二一世紀は地方の時代と言われています。

平成一二（二〇〇〇）年四月一日より地方分権一括法が施行されましたが、これは明治維新、戦後改革に次ぐ第三の改革と言われています。国と地方自治体との今後の関係は、これまでの上下・主従の関係から対等・協力の関係に移行し、権限が移譲される代わりに責任も重くなり、自治体の力量が問われることになります。

このため、新たに策定されました第三次三島市総合計画に即して、効率的な行政運営に努めるとともに、職員の資質を高め、多様化する行政ニーズに的確に対応できる体制を充実させて参ります。

また、情報の公開や各種計画への市民参画を積極的に推進し、より開かれた分かりやすい行政を確立して参りたいと考えておりますので、市民の皆様のご理解とご協力をよろしくお願いいたします。

最後に、本計画の策定にあたり熱心なご審議を賜りました三島市総合計画審議会委員各位をはじめ、市民まちづくりスタッフの皆様、アンケート調査用紙の配布収集にご尽力いただきました自治会役員、調査に協力していただきました市民の皆様に、心よりお礼申し上げます。

まちづくりの目標

二一世紀初頭における三島市の将来都市像を定め、今後の総合的かつ計画的なまちづくりの基本的方針を明らかにした。

計画期間は、平成一三年度から平成二二年度までの一〇年間で、平成二二年度の想定人口は一一万七〇〇〇人、四万六三〇〇世帯数の将来都市像は、「水と緑と人が輝く夢あるまち・三島」—環境先進都市をめざして—とした。

この目標は、本市の魅力であり象徴でもある湧水と豊かな緑の自然環境の中で、活気のある市民が主体となって躍動し、環境と人、人と人とが互いに共生しながら、住みやすく夢のもてるまちとしていくことを表現した。

この将来都市像を実現するため、まちづくりの目標として、

「共に支え・育むまち」、

「にぎわいのある豊かなまち」、

「安全で安心・快適なまち」の三つの柱を立てた。

第一の柱「共に支え・育むまち」では、市民一人ひとりが、生涯、健康で生き生きとしながら、文化活動をはじめ、さまざまな生涯学習活動に取り組むとともに、お互いに支え合いながら育んでいくまちの形成を目指している。

第二の柱「にぎわいのある豊かなまち」では、市民が生き生きと産業活動に取り組み、将来に夢のもてる新たな産業が育っていくまちの形成を目指している。

第三の柱「安全で安心・快適なまち」では、市民一人ひとりが恵まれた水や緑を大切にし、環境にやさしく、自然と共生したまちの形成を目指している。

また、市民や企業の活動が円滑に行なわれるために必要な道路、公園などの公共施設や公共交通など、安全で安心・快適な生活環境の改善や整備・充実も目指していく。

街中がせせらぎ事業

環境を大切にする市民と、「環境ＩＳＯ１４００１」取得に向けて奮闘してくれた市職員が結びつくチャンスが生まれるのは実にたのもしい。そのうまい結合は、平成一三年四月から五ヶ年計画ではじまった「街中がせせらぎ事業」実施事業という形でも実を結んだ。

この「街中がせせらぎ事業」は、平成八年に三島商工会議所（会頭・峰田武氏）が創立

五〇周年記念事業として提唱したものであった。平成一〇年一二月二〇日に市長となった私は、これこそまさに三島の貴重な財産である自然や歴史文化を活用する事業で、「三島の再生」にも、観光面での発展にも益すると判断した。

市は、翌一一年から、商工会議所の峰田会頭、鈴木菊三郎街中がせせらぎ委員長らとこの事業を本格的に立ち上げる作業を推し進めていくことになった。三島市内を流れる源兵衛川、桜川、御殿川、宮さんの川などのせせらぎを回遊ルートで結び、その中には楽寿園、三嶋大社、白滝公園、菰池、佐野美術館、温水地などの憩いの場や文化施設も含まれる。実にたのしい計画である。

支え役の市は平成一七年度までの五ヶ年に一八億円を投下して、事業の完成を図る。また、掛川市の事業と共に静岡県からは快適空間創造事業として位置付けられ、県の補助事業としても採択された。

回遊ルートをどのようにするかは、住民のみなさんと議論を交わして決めていく。さまざまなワークショップ、意見交換会、市民推進会議などの総意でルートを作ってもらう。三島ゆうすい会(会長塚田冷子氏)や、グラウンドワーク三島(会長緒明實氏)などの多くの市民団体の参加も得ている。

もともと、この「街中がせせらぎ事業」は、市民が提唱し、企画し、少しずつ実施されていたものだが、その民間主導の構想を、市民、事業者・行政が協働(コラボレーション)して実現して行こうというものである。二一世紀型の官民パートナーシップによる、新たなまちづくく事業のモデルケースとなることまちがいなしと確信している。ぜひとも成功させて三島の新しい誇りにしたい。

電線類地中化事業

三島商店街の再活性化は大きな課題である。賑わう街は訪れる人の気持ちを豊かにさせてくれる。街中を楽しそうに歩く人々が交叉する商店街にしたい。それには、大通りの電線類を地中に埋めることも必要な条件になってくる。

平成一一年八月二六日、私は建設部長や担当課長といっしょに県の沼津土木事務所長を訪ねた。「電線類地中化」を切々とお願いした。地元がまとまり、地中化をやろうという気運が盛り上がってくるならばとの条件付きで快諾していただいた。

さあ、それからが大変であった。何度も地元商店主と会合を重ねる。各商店街の代表を網羅した「地中化」推進協議会を立ち上げ、平成一二年四月一四日には県知事に陳情へ動く。

その結果、三嶋大社鳥居前から広小路踏切までの両岸（一六〇〇m、県道三島・富士線、平成一四年度着工）、三嶋大社前から南一三〇m区内（市道、平成一五年度着工）、広小路踏切からユニー西側まで二四〇m（県道沼津・三島線、平成一五年度着工）の決定を得た。

大通りの商店街の電線類を地中化することに伴って、アーケード撤去問題、歩道のグレードアップ、景観整備、街路灯、ストリートファニチャーなどの整備が想定されるが、地元の方々と丹念に協議することによって決めていきたい。

過日、大通りの電線類地中化推進委員会・委員長山形武弘氏から、一年有余の話し合いの結果、五つの商店街でのアーケードの撤去が決定したと伝えられた。正直言ってたいへんうれしかった。よくまとめてくれたと思う。山形委員長ほか推進委員会役員の方々の努力に心から感謝しているところである。

多額の市費、県費を投じて電線類を地中化する以上、うるおいのある街、歩いて楽しい商店街ができなければならない。通りには街路樹を配し、買い物途中の人や憩いのための椅子も用意したモール街にしたい。そのためにはアーケード撤去は必要なことであったが、商店街の方々がよく決断してくれた。その決定に応えて「街中がせせらぎ事業」とタイアップした三島の景観づくりに進みたい。五年後の三島商店街の変貌に期待したいものだ。

日本大学との協働

三島市にはイチョウ並木が美しい地区がある。大きなイチョウに守られるかのように小学校から大学までが建ち並ぶ。文教地区にふさわしいたたずまいを感じさせる一角、そこを大きく占めているのが、日本大学三島学園で、日本大学国際関係学部と同短期大学、さらに日大三島高校の校舎がある。

しかし、日本大学が三島市に存在しているにもかかわらず、これまで三島市との連携が十分であったとは言えない。人口一一万二六二〇人（平成一三年一一月三〇日現在）の地方都市に大学が存在していることは誇りだ。大学は「宝」であり、これを活かさない手はないと以前から思っていた。もっと三島市側から日本大学にアプローチしてみてはどうかと、市長就任後のある日、新任の国際関係学部長にご挨拶に出かけた。

中伊豆町出身の新学部長・佐藤三武朗教授の考えは、私の考えと同じであることを知った。大学は地域へ開放すべきであるし、地域も大学をもっと活用すべきであると力説された。

さっそく、三島市ソフトボール協会（関伸二会長）から頼まれていた御園グラウンドの一部開放をお願いしたところ、即座に快諾いただいた。

その後、日本大学と三島市は急接近するようになっていく。ある時、思い切って三島市の教育委員への就任をお願いしたところ、快くお引き受けいただいた。また、「三島市民環境大学」では副学長をお願いした。そればかりか、平成一二年八月一六日の「三島夏まつり」の恒例行事の旗揚げ行列にも参加していただき、佐藤学部長には、馬に乗って頼朝公に扮していただいたが、その姿は見学者たちの噂にのぼった。

本町通りの空き店舗に「日大生のワークショップ」を開店、市と共催でパソコン教室を開催、伊豆学講座の開設など三島の発展に寄与することならなんでもという姿勢は、心強いものがある。

平成一三年八月二八日、わが国の失業率が五％を超えたと報道された日、佐藤学部長から電話があった。「失業率が五％を超えたことは、たいへんに憂うべき事態です。三島市がすぐ手を打つことがあるならば、日本大学はお手伝いする。全面的に協力する」という力強い申し出があった。日大と三島市が協働する緊急な雇用対策の提案であった。

緊急に担当部課長を招集したところ、求職者には、簿記やパソコンができるというのが、就職先の条件に適うという声が多いという。さっそく、簿記・会計講座（三級、二級）、パソコン講座（初級、中級）の四講座を開設することにした。日大国際関係学部には講師と会場の提供をお願いし、市は事業費の四〇万円のみを負担。求職者の一種の資格として、修了者には市長と学部長連名による修了証書を発行することにした。四講座はすでに始まっているが、たいへんに好評である。

講座開設を発表した際の共同記者会見での佐藤学部長のことばは、「これからは大学の持てる力を地域のために役立て、地域の力を大学に吸収することが求められている。少子高齢化の時代に国力の低下を防ぐ意味でも人材教育や生涯教育に大学を市民が活用してほしい」であった。異議なし。こういった三島市と日本大学との関係は、他の地方自治体での大学との協働のモデルケースになるであろう。

ひかり号増停車

東海道新幹線三島駅の乗降客は増え続けている。ちなみに静岡駅は年間六九〇万人、浜松駅は四三〇万人だが、三島駅は五〇〇万人が乗り降りしている（平成一三年四月一日現在の推定）。

浜松駅よりも乗降客が多い理由は、伊豆という国際観光地の玄関口であること、大都市への通勤・通学者が増えていること、近年立地が著しい北駿地区の先端技術産業への人的交流拠点駅として使われていることなどであろう。ちなみに、三島駅から大都市へ通勤・通学する人は約五五〇〇人になるという。現在、静岡駅にはひかり号の停車が上下一五本、浜松駅は上下九本であるが、三島にはわずか上下三本のみ。この本数の差は、乗降客数からみてもちょっと不合理だ。

また、伊豆地方に来たくても九州、中国、四国、関西方面から来る観光客が利用するのは「のぞみ」か「ひかり」。「こだま」に乗ってはなかなか来ない。「ひかり」がもっと止まるようになれば、観光客ばかりでなく、東京に行き来するのに三八分、もっと便利になり人々が行き来するようになる。これは三島にとって実に大きな事だ。

そこで、伊豆半島や近隣市町村長といっしょになって「ひかり号増停車運動」をはじめた。第一回目は、ＪＲ東海新幹線鉄道事業本部長へ陳情を行なうことにした。第一回目は、平成一一年五月二六日、第二回は平成一二年一一月二日、三回目の平成一三年七月一八日にお会いした時には、単刀直入に「このような陳情をくり返しても増える可能性がありますか」と聞いてみた。本部長は、「その可能性はありますよ」との返事。

平成一五年秋には、品川駅の新幹線新駅が完成するという。現行ダイヤだと東京発新幹線が一時間一一本、品川新駅ができれば一時間一五本体制になるという。その時がひかり号が三島にもっと停まるチャンス。平成一五年のダイヤ大改正に向けて伊豆や近隣の市町村長とも協力してもらいながら、陳情をくり返すつもりだ。

「来年もまた参ります」と言って勢いよく帰ってきた。

伊豆ナンバー

平成一二年、伊豆地域の市町村と企業と団体が一体となって「伊豆は一つ」を合い言葉に「伊豆新世紀創造祭」というイベントを催した。各地で行なわれたイベントは盛り上がりがあって、伊豆地方の地盤沈下をくい止める手応えが感じられた。

だが、その後を続けなくてはならない。一弾目の次にもっと強力な二弾がいる。伊豆を知らしめるいい広告塔はないかと思案していたら、市議会でも提言があった「伊豆ナンバー」を推進しようと決めた。「伊豆ナンバー」が実現すれば動く広告塔そのもの。伊豆の名前が全国に常時発信できるというわけだ。

三島市以南の一九市町村に在住する住民の所有する車は、二七万台（平成一二年三月現在）、岐阜県の「飛騨ナンバー」が一三万台というならば、車数の条件はクリアする。後は合意と熱意だけだ。県では「沼津ナンバー」の沼津市がどう思うか心配の様子であったが、沼津市長に話をすると賛成してくれた。

伊豆一円は大賛成、沼津も承知してくれるという条件を持って静岡県の石川知事を訪ねた。知事も「伊豆ナンバー」が創設できたらと考えておられたので、ごいっしょに運輸省（=当時）を訪ねたのが平成一一年一一月一九日。運輸大臣宛に一九市町村長連名の「伊豆ナンバー創設に係る要望書」を提出した（一〇日ほど前、同様の要望書を運輸省中部運輸局長にも提出）。

今年、平成一三年一一月一四日、県の担当者といっしょに国土交通省自動車交通局長・洞駿氏宛の要望書を提出した。対応してくれた同省の管理課長は極めて慎重なことばだったが、「伊豆ナンバー」創設、その実現は伊豆地方、三島市にとって大きなバネになる。道のりは険しいが、その日が来るまで何度でも足を運ぶ決意だ。

農兵節とみしまサンバ

農兵節は三島が誇る民謡である。チャッキリ節とともに全国に知れ渡っているが、もっと、この伝えられてきた民謡を全国に轟かせたいと奮戦努力しておられる方がいる。農兵節普及会会長の露木久夫氏、藤間勘伊世先生ら普及会の会員の方々は、実に一生懸命である。

農兵節はもともとこの地方の盆踊り唄であったものを、伊豆韮山の代官江川太郎左衛門が、農兵の訓練用に、鼓笛隊を組み込んで志気の鼓舞、団結のために作られたものだという。

私は、二〇代の青年団当時には踊りを覚えていたが、市長になった以上、郷土の誇りの先頭に立たねばならない。実際には姉妹都市を訪問した時などは、三島のＰＲマンになったつもりで勢いよく踊ることにしている。パサディナ市（アメリカ）を訪ねた時の報告である。

三島市がアメリカパサディナ市と姉妹都市提携したのが、今から四三年前の昭和三二年のことです。外国の都市との姉妹都市提携は、日本中で四番目という早さでした。当時の松田吉治市長はじめ先輩各位のご努力に改めて敬意を表します。

パサディナ市長のボガード氏より、相互訪問をしたい旨の提案が寄せられ、協議の結果、本年は当方より、来年はパサディナ市よりと決めました。去る一〇月一七日より総勢四〇名で、パサディナ市を公式訪問して参りました。到着した晩には、市民の中で日系一世・二世・三世等で組織されている姉妹都市協会のメンバーによる歓迎会が開催されました。これはポットラックパーティーといい、自宅での手作りの料理を体育館等の会場へ運んで開くパーティーですが、農兵節普及会の露木会長等のご努力により、大変盛り上がり、全員が農兵節の歌と三味線の音に合わせて踊りました。次の晩の公式行事でも当市の伝統芸能である農兵節を披露し、両市の交流の絆がより深められました。

パサディナ市では、五ヶ国の都市と姉妹都市提携をしていますが、市役所に国際交流室が無いのには驚きました。全て民間の交流にまかせております。四三年間も交流を続けてきますと、交流を担当してくださる年代層の高齢化がみられるようになりました。

今後は、今までの交流にご努力頂いた方々を大事にするとともに、若い年代層の方々との交流も活発に行ない、今後の姉妹都市提携の新しい担い手を作っていかねばならないと思います。例えば青年層の交流、一つのテーマを決めてお互いに討論し合うとか、少年野球やサッカー等のスポーツの交流も有意義な事と考えております。

（「広報みしま」平成一二年一二月一日号）

八月一五、一六、一七の三日間の「三島夏まつり」では、私も踊る。少しでも市が元気になるためならば、踊りの先頭に立とうと決めた。

平成一二年八月一七日の「農兵節パレード」では、陣羽織に編み笠という衣装をまとって踊った。市長たる私のこんな姿勢も市の積極的な活性化に繋がると思って、平成一三年の「三島夏まつり」では私以下の市役所有志チーム四〇名が参加し、市議会でも議長以下二四名、お隣の清水町でも町長以下七五名も参加者が増えてきて、パレードは一気に盛り上がった。とにかく、市長が先頭で踊れば勢いがつく。市政も同じだ。来年も続けたいと思っている。

この農兵節の曲をアレンジしてサンバ調にしたのが「みしまサンバ」である。みしまサンバ振興会会長土屋久氏、副会長小俣里知子氏らのご努力で、今では「三島夏まつり」の一大イベントに急成長した。平成一三年の「三島夏まつり」では、一七団体、一〇〇〇人を数える参加者があった。「みしまサンバ」は実にたのもしい存在になっている。私も、毎年、特別審査委員となって増え続ける出場団体の顔ぶれを見るのが楽しみになっている。

市の活性化の旗を振る！　このようなイベントでの役割も市長たる私のやるべき仕事のひとつと思っている。

終章

コラム
「市長室」から

源兵衛川

環境

第5話：「環境ISOの認証取得に向けた取り組みについて」（平成一一年六月一日号）

ここでは、ISO14001、別名環境ISOの認証取得に向けた取り組みについてご紹介します。

三島市では本年四月からISO14001規格の認証取得に向け、準備に取り組んでいますが、認証取得に至るまでにはこの規格が要求する「環境管理システム」を構築、運用し、認証機関による審査を受け合格しなければなりません。

では、要求される「環境管理システム」とはどのようなものか、その概略を説明しますと、まず、三島市役所自らが、将来にわたりどのような環境対策を進めるかを示した方針と、市役所全ての事務・事業において環境への負荷を調べ、それらを軽減するための具体的な基準を設定した目的・目標をたてた【環境方針・計画】を策定すること、さらに、環境管理・責任体制の明確化を図り、この計画を確実に【実施・運用】させること、定期的に計画の進捗状況を監視する内部環境監査を実施し、不具合があれば是正処置を取るなど、常に【点検・是正処置】を施すこと、これらの結果を経営者自らが定めた間隔で見直し、必要ならば環境方針を含めシステムを修正する【経営層による見直し】を図ることとなっています。

このように、環境管理システムは、【環境方針】(PLAN)、【実施・運用】(DO)、【点検・是正処理】(CHECK)、【経営層による見直し】(ACTION)と大きく四項目が基本構成となっており、このサイクルを回すことにより、環境の継続的改善を目指すことを目的としています。

第六話：

「環境ISO(ISO14001)認証取得のためには」(平成一一年七月一日号)

前号でも触れましたが、環境ＩＳＯ(ＩＳＯ１４００１)認証取得のためには環境マネジメントシステムをつくり、全職員が自覚を持って確実に実行しなければなりません。

市では、先月六月の環境月間を契機にいよいよ本格的な取得作業に入りましたが、その第一弾として、六月一日に課長級以上の職員を対象に職員の意識改革を目的とする第一回目の研修会を実施しました。この研修では、地球環境破壊が孫の代といった遠い未来ではなく、子供の代いわゆる四〇～五〇年後の近い将来のことであること、そうならないための手段としてＩＳＯ１４００１認証取得に取り組むことの意義など、環境に対する基礎知識を習得していただきましたが、このような研修は、引き続き全職員に対して実施する予定です。

また、六月一日からＩＳＯ１４００１への意識を更に高めるため、「小さなことでもできることから実践」をモットーに、近距離(概ね二㎞)移動は公務に支障がない限り自動車から自転車に切り替えました。これは、清掃センターでリサイクルした自転車を活用するもので、地球温暖化防止、省資源・省エネルギーはもとより、車では見えにくい街の様子、例えば道路の破損や歩道の段差など危険個所の発見に役立つことや市民と直接接する機会が増えるなど、一石何鳥もの効果が期待できます。

今後も、積極的に環境改善運動を実施して参りますので、皆さんのご理解、ご協力をお願いします。

第七話：
「三島市を環境対策先進都市にしたい」（平成一一年八月一日号）

私は、三島市を環境対策先進都市にしたいと願っております。最終的には「ゼロエミッション社会・三島」（いわゆるゴミゼロの社会）が目標ですが、この入り口として、環境ＩＳＯ１４００１の取得を市役所本館、中央町・大社町別館、その他小・中学校を除く市の全施設で計画しております。

この取得には、市職員全員が一丸となって環境対策の大切さを認識し、また自らが率先して行動を起こすことが求められています。

去る六月一日に部課長全員に環境ＩＳＯの取得についての研修会を開催したのを皮切りに、七月末までに全職員の研修を終了する予定です。省エネ・省資源として出来ることから始めようと、市では七月一日から九月三〇日まで冷房温度を二八度以下にしないことと、ノーネクタイ(男性)・ノーベスト(女性)運動を実施中です。市役所を訪れる皆様には少々暑く感じられ、ノーネクタイではあまりにラフな服装と思われるかも知れませんが、ご理解をお願いします。

また、過日のリサイクル自転車での二km以内の公用使用や、市長車など六台の低公害車の配車など全て省エネ・省資源のためです。

過日は、市内にある工場や事業所の皆様へ「低公害車の使用増とアイドリングストップ運動の徹底のお願い」を致しました。市内では、現在低公害車は二九台(市の六台を含む)が走っています。

市民の皆様がお互いに〝自分達の地域の環境は自分達で守り、更に良くしていこう〟との意識が少しでも高まれば、こんなに有難いことはないと思っております。

第八話：「三島市環境審議会について」（平成一一年九月一日号）

今回は、三島市環境審議会について述べさせて頂きます。

七月二二日に一五名の全委員に委嘱状を交付し、三島市環境審議会を開催しました。設置の目的は、当市の恒久的かつ総合的な環境政策の指針となる、環境基本条例や環境基本計画等について審議して頂くためです。市の審議会としては初めて、市民公募による委員四名と、政府中央環境審議会委員や通産省環境立地局の課長様等で構成していただきました。会長に静岡県環境審議会委員で静岡県立大学名誉教授の松下秀鶴先生、副会長に政府中央環境審議会委員で日本経済新聞社論説委員の三橋規宏氏が就任されました。審議会は本年度、来年度で合計六回程度の開催を予定しております。

また、会議は委員の皆様の申し合わせにより、原則公開となりました。私から会長に三島市環境基本条例の審議を諮問致しました。環境基本条例とは、市の環境に関する政策の基本的な方向を示すものであります。三島市がこの条例を制定する必要性は、当市の良好な環境を保全し、次世代に引き継ぐためには、行政として何をすべきかを明確にする必要があるからであります。

環境に配慮した社会、資源循環型社会(ゼロエミッション社会)の形成には、おのおのの事業者や市民が環境への負荷を減らすことの必要性を理解し、実践することが不可欠であります。このため、経済活動やライフスタイルの見直しの方策についても考えていかなければならない時が来たと思うのであります。

家族

第一五話…

「四月一日から介護保険制度がスタートしました」(平成一二年五月一日号)

四月一日から介護保険制度がスタートしました。

三島市では三月三一日現在で、申請一五八八件、認定一四三五件、その内施設・医療機関入居者等ケアプラン不要者四六六件、居宅サービス計画作成届八四五件、死亡及びサービスを利用しない人六五件でした。七九件は簡易ケアプランで対応致しました。

市では、介護保険課に相談窓口を設置しております。専用電話は七三—七四七四で、悩み無し無しというゴロの番号です。四月一一日現在、相談・苦情件数は合計八〇件で、そのうち苦情は一件のみでした。内容はケアマネージャーに過度のサービスの利用を勧められたというもので、市から必要としないサービスは断る様申し上げ、また事業者にも市から指導しました。

三島市の介護保険料は二八四二円で、県平均は二八六一円、国平均は二九〇〇円程度です。実際の保険料額は、所得に応じて基準額の〇・五倍～一・五倍の五段階に分けて徴収されます。ただし、国の特別対策により四月から半年間は保険料を徴収せず、一〇月から一年間は半額となります。

なお、三島市の高齢者福祉サービスは介護保険へ移行するものもありますが、更に充実させて参ります。従来からの継続八事業（県下一の給食サービス、年間一〇万円支給の寝たきり老人等介護者手当て、一人暮し老人へのテレホン一声事業等）、新規九事業（独居や高齢者夫婦を対象とした生きがいデイ教室〈西小の空教室改修〉、自立認定者への生きがいデイサービスや軽度生活援助事業、自立者ショートステイ等）、三島独自三事業を含むものです。三島市では、今後とも介護保険制度を含め、高齢者福祉サービスの更なる充実に向けて努力を傾注して参ります。

第二六話：

「乳幼児のしつけについて」（平成一三年五月一日号）

今回は、乳幼児のしつけについて述べて参ります。

今年度の新規事業として、はじめて子どもを持つ両親（妊婦と夫）を対象としたはじめての親のしつけ講座を夏、秋、冬各二回ずつ計年六回行なう事を計画しております。最近の若者の行動を成人式等で見ていますと、人間としてこれだけは最低身に付けねばならない規範を身に付けていない点に気付きます。その原因は、両親の乳児期のしつけの欠如であると思います。

最近、児童虐待の事件が毎日の様に報道されています。三月九日には、三歳の子がドッグフードを食べたことに腹を立て顔面を平手打ちにした上、腹部を激しくけって内蔵破裂で死亡。四月四日には、言うことを聞かなかったことに腹を立てた母親が、二歳の次男を背中から畳にたたきつけて死なせた。四月八日には、家族ぐるみで三歳の長男を虐待殺害、一家五人逮捕。四月一一日には、育児に悩んだ母親が、小学校新一年生の子どもを、電気コードで絞め殺した。等々連日憂慮すべき状況であり、報道される度に、涙を流し、目をおおいたくなり、憤りすら覚える昨今です。

率直に言って、我が国は、ここまで来てしまったか、人間のやれることとか、世も末だとの感を持ちます。原因は何か、人の命の尊さを全然理解していない。同時に、子を持つ両親がどうして我が子が可愛いくないのか不思議でならない。おそらくしつけの仕方が全然わかっていないのではなかろうかと思います。そこで、行政側として出来る事はすぐ実行しようと、このはじめての子を持つ両親のしつけ教室を計画しました。その他、三歳児をもつ両親に対し、幼児期の家庭教育セミナーも計画しております。

第三一話：

「敬老社会」の実現を目指して（平成一三年一〇月一日号）

今回は、「敬老社会」について述べて参ります。

三島市の高齢化率（人口に対する六五歳以上の人口の割合）は、全国一七・七％、静岡県一七・八％より低く一五・九％です。七〇歳以上一万一八五三人、七五歳以上七〇二八人、九五歳以上七八人、一〇〇歳以上八人、最高齢者は中神きみさん一〇三歳です。（九月一五日現在）

過日、九五歳以上の方の所へ、長寿のお祝いに伺いましたが、其の際、長寿の秘訣を、お聴きして参りました。「八〇歳から好きなダンスを毎日、腹巻は絶対外さない、毎日一万歩歩く、自分史を作成」等々。

過日、人間の寿命遺伝子と、短命遺伝子の事が、新聞に出ていました。発見した、短命遺伝子の働きを抑えれば、寿命を延ばす事が出来る。最高一八〇歳まで可能と出ていました。中国の古文書に「人間八一歳にして半寿とすべし」と言う。半は八十一と書ける。人生の半分が八一歳で、その倍の一六二歳が人生全うしたと言うことであります。この事は、さすが、気宇壮大な話と思っていましたが、なんとそれが、現代の科学技術で、証明されて驚いている所です。

ドイツの詩人ゲーテは、「青年は老人を尊敬し、老人は青年に協力する。両者相倚（よ）り、相授（たす）けて人生は楽しいのである」と言っていますが、現代に通じる名言だと思います。若者が年配者を敬い、年配者が若者たちの、将来を気遣う事は、時代を超えて守り育てるべき、美しさであると思います。日本には、古来より深い、美しい敬老精神がありります。日本人の持つ敬老精神の良さを、高齢社会に活かすべきであり、この為には、「しつけ教育」の一層の充実が要求されると思います。敬老社会の実現を目指して、頑張って参りたいと思う、此の頃です。

三二話：

「生きがいデイ教室」について（平成一三年一一月一日号）

今回は「生きがいデイ教室」について述べて参ります。

平成一二年度から、介護保険制度が導入されましたが、元気な高齢者の方々のための対策が急務であり、その為、当市では、本年度までに、継続事業一七件、新規事業四件の施策を立ち上げて参りました。その中の一つに、「生きがいデイ教室」があります。

昨年の一〇月に、西小学校の余裕教室を活用し、床をタイルカーペットや畳敷きにし、エアコン、テレビ、冷蔵庫などを整備しました。このデイ教室のメリットとして、小学校の余裕教室を利用しているので、児童との交流があること。例えば西小研究発表会やおまつりに招待されているし、児童と輪投げ大会やお月見会も、又、各学年とのお楽しみ会もするし、かるた、しりとり、マジック等で遊ぶ。お年寄の方々からは、手作りの〝お守り草履〟等を児童にプレゼントする等々。お年寄りにとっては、気持ちが若返り、新たな楽しみとなる。児童にとっても、お年寄の持っている知識や、技能を教えてもらえ、新鮮な驚きと喜び、そしてお年寄りへの敬意が生まれる等、正に一石二鳥の効果が得られます。

過日、私の所へ一通の手紙が届きました。感謝の気持ちを伝えたくてとあり、お母さんがデイ教室に参加して、大変良かったと思う。デイ教室に行くのが楽しくて仕方がないらしい。お母さんが、本当に生き生きとして嬉しそうです、と書いてありました。本年度は、二ヶ所デイ教室を作ります。一ヶ所は東小の余裕教室です。既に一〇月四日に開所式をしました。二ヶ所目は、北上地区の徳倉の青木橋のたもとです。福祉目的に寄付された土地に建設します。来年度は南地区です。お年寄りが、いつまでもお元気で、楽しい笑顔で日々を過ごせる様に、努力して行きます。

教育

第二四話：「小・中学校給食の食材に地場産品を」（平成一三年三月一日号）

今回は、小・中学校給食の食材に地場産品を多く使う推進をしている事について述べて参ります。

市内小学校一四校の児童は六七二二人で、毎日給食があります。来年四月の新学期からは市内七校の中学校でも一斉に給食が始まります。

中学校の生徒数は今年一月二九日現在三七二五人で、小・中学校の児童生徒数を合計しますと一万四四四七人になります。現在小学校で給食に使われている食材の生産地を調べてみますと、関東産のものが主流との調査結果が出ました。地場産の野菜を多く使えば、地元農業の振興に役立ちますし、地元産の低農薬でビタミン豊富な新鮮野菜を食することにより児童生徒の健康増進にも役立ちます。昔からその人の住んでいる一里四方で生産されるものを食べていれば長寿間違いなしと言われています。

一四年度から中学校給食も一斉に始まりますので、何とか地場産野菜をコンスタントに食材として使えるよう流通ルートを確立しなければと思い、過日一月二四日に一四小学校校長と栄養士、一八青果店、三島函南農協の関係者に集まっていただき、「第一回の学校給食により多くの地元野菜を」の会合を開きました。

皆様方全員が大変協力的で、まず手始めに安定供給が可能な品目からやっていく事になりました。地元農家の方も自分たちの作った野菜が近隣小・中学校児童生徒の給食食材になっていると思えば大変励みになると思いますし、児童生徒も近くで出来る人参・大根・牛蒡・白菜・ほうれん草などを自分たちが食べている事を知れば農業に理解と一層の関心を寄せることになります。地元で採れた季節の旬の野菜が給食の食卓に常にあがれば万々歳でありますので、このことが早々に実現するよう努力して参ります。

第二七話‥

「中学校部活動振興事業について」（平成一三年六月一日号）

今回は、今年度の新規事業の一つである、中学校部活動振興事業について述べて参ります。三島市体育協会の新年会に出席したところ、柔道・剣道等の協会の皆様より、中学校の部活動に於いて、従来からあった部が休部か廃部になるケースが出ているので、是非共、活性化してほしいとの要望を受けました。調べてみますと、格技場を利用しての柔・剣道等の部活動が活性化されていない。部が無い所も多い。格技場本来の利用がなされていない等々が判りました。

また、教育長と共に、中学校の校長先生方と懇談し、何が原因で部活動が沈滞気味になったのか、お聞き致しました。

それによると、部活動の指導者の勤務学校の変更や高齢化、又、女性教師の増加によって、部活動の指導者が部門によっては少なくなって来たとの事でした。更に、来年度から学校週五日制完全実施がありますので、益々部活動の重要性は高まっている反面、指導者不足の為に、低迷している部活動を活発化出来ないのは、誠に残念ですとの意見が述べられました。

私は、それなら外部から専門の指導者を招聘する事はどうでしょうか。その為の招聘費用は、新年度の予算で計上します。ですから、是非共、部活動を、活性化してほしいと思います。青少年の健全育成にもなりますし、生徒の将来の人間形成にとっても、この部活動は大変重要でありますので、是非お願いします、と校長先生方にお願い致しました。この部活上記の様な経過で、中学校の部活動に外部から、指導者を招聘する事が決まりました。良い結果が出る事を切に期待しております。

都市コミュニティ

第二〇話：

「三島夏まつりについて」（平成一二年一〇月一日号）

今回は、三島夏まつりについて述べて参ります。

三島の夏まつりは、今から八二〇年前の治承四年（一一八〇年）、源頼朝が三嶋大社の祭りに乗じて旗揚げした事等で、大変歴史のある祭りです。

現在では、伝統ある山車やシャギリや市民参加の各種イベントと併せ、五〇万人余の人で賑う、東海道一の伝統と規模を誇る祭りであり、当市の夏の象徴であり、自慢の一つであります。

今年の夏まつりの特徴は、多くの若者が各種イベントに参加してくれた事、環境先進都市を目指す当市として、夏まつり期間中のゴミを徹底的に収集した事、です。日大国際関係学部長佐藤三武朗教授が、頼朝に扮し、馬に乗って下さいました。また、日大生四〇名や日大三島高一三〇名の生徒達や三島郵便局長以下四〇名のメンバー等々がみしまサンバ大会に初参加して下さいました。

また、三島市役所職員六〇名も股引きに赤いTシャツのコスチュームでサンバを勢い良く踊りました。農兵節パレードでは、県立三島南高の生徒五〇名が整然とすばらしい踊りを披露してくれました。私自身、少しでも夏まつりを盛り上げる事が出来たらと思い、農兵節パレードの先頭で踊って行進しました。

遠方から来られて、初めて三島夏まつりを見学された方々が、私に一様にすばらしいと感嘆しておりました。伝統に輝く山車とシャギリ。また、全国に普及した三島の民謡農兵節の歌と踊り。新しいみしまサンバ大会と音楽パレード。大社境内での流鏑馬や浦安舞等々。来年は三島市役所では、みしまサンバ大会への参加はむろんですが、部課長の有志を募り、農兵節の踊りに参加して、大いにこの夏まつりを盛り上げようと目下提案しているところです。

第二一話：

「コミュニティーバスについて」（平成一二年一一月一日号）

今回は、コミュニティーバスについて述べて参ります。

このコミュニティーバスについては、武蔵野市のムーバスが有名であり、全国から多くの視察があるとの事。インターネットなどで、内容を検討致しました。このコミュニティーバス（いわゆるワンコインバス、循環バス）を、三島市でもなんとか実現できないものかと頑張って参りました。

実は、昨年来から市内各地で行なっている市政座談会でも、高齢者や女性の方々から、このコミュニティーバスの三島への導入を、強く、また何度も要望されておりました。

今年四月一日より、市の機構を改革し、防災交通対策室を新設し、そこに交通問題を全て集中させ、コミュニティーバスの検討に入らせました。三島市内で運行しているバス会社は四社で、伊豆箱根・富士急・東海・箱根登山バスであり、この四社と何度も話し合いを持ち、ようやく一二月一日より、一〇〇円バス・せせらぎ号を運行する事に致しました。コースは、三島駅南口から、東回り、西回りに常時一台ずつ運行する事としました。東回りは、三島駅南口→白滝公園→市役所→田町駅→奈良橋→三島郵便局→雅叙園跡→佐野美術館横→社会保険三島病院→本町交差点経由→広小路→西若町→寿町→三島駅南口となり、西回りはこの逆です。

一二月一日の運行開始日には、過日バスの愛称を公募し、せせらぎ号と名付けられた方を表彰し、またバスの壁画のデザインをされた方の表彰も致します。このコミュニティーバス一〇〇円バス・せせらぎ号が、市民の足として定着し、商店街と観光の振興、にぎわいの創出に役立てば幸甚です。来年度は、大場駅を基点とした中郷地区の循環バスも検討致します。

三三話：「ベートーヴェンの第九の合唱」（平成一三年一二月一日号）

今年は、市制施行六〇周年です。記念事業として、NHKの二人のビッグショーやラジオ体操を誘致し、又、恒例の行事に、六〇周年記念事業と冠（かんむり）をつけた行事を挙行して来ました。しかし、この第九の合唱だけは、唯一のオリジナルな記念事業に当たります。祝祭合唱団を結成したのが、六月一四日、月野義識氏が団長、杉山一郎氏、杉山久子氏が顧問、私が名誉団長になりました。それ以後毎週木曜日に、三四〇名の団員が、ゆうゆう大ホールで、熱心に練習に励んでいます。

団結成式の挨拶の中で、なんとか盛り上げて成功させよう、多くの市民に団員として参加してもらおうとの気持ちから、「私も皆さんと一緒に歌います」と言ってしまった。それからが大変。独語の歌詞や曲を暗記しなくてはならない。市長車の中で、繰り返しテープを聞き、帰宅してからは、家内から特訓を受けるという悪戦苦闘の日々が続いています。

しかし、一番良い時期に歌うなと思います。九月一一日の同時多発テロ以降、暗いニュースばかり。アフガンからは、数多くの難民の流出が続いており、目を覆いたくなる悲惨な光景をテレビで見る昨今です。第九の合唱で歌うシラーの「歓喜に寄す」という詞は、人類愛の深さ、世界平和と友愛の精神を願って歌っているものであり、まさに現状にピッタリであります。

又ベートーヴェンが、既存の形式を打破し、新たな発想（合唱）を取り入れて、作り上げたこの第九を、二一世紀の始まりである、本年の締めくくりとして歌うことは、市制六〇周年を迎え、市の再生と、新たな飛躍を誓う三島市にとって、大変意義深いと思います。市民の皆さんと心を一つにして成功させたいと願っています。

都市交流

第一一話：**「姉妹都市提携について」**（平成一一年一二月一日号）

今回は、姉妹都市提携について述べて参ります。

去る一〇月一七日から二四日までの一週間、姉妹都市であるニュージーランドのニュープリマス市を公式訪問致しました。私と秘書課一名、国際交流室二名は公費出張・エコノミークラスでの参加とし、その他合計六四名で行って参りました。心暖まる歓迎を受けましたが、滞在費等は全てこちら持ちと致しました。歓迎行事は、市庁舎ロビーで飲物によるものと、現地の姉妹都市協会主催の体育館施設でのパーティー(これは、各自が自宅から手料理を持ち込み歓迎して下さる方式)がありました。

今後の提携のあり方としては、第一に三市(パサディナ市・ニュープリマス市・麗水市)

とは、三年に一度の相互訪問に切り換えて行く必要があると思います。三市と姉妹都市提携していることを、三市によく説明して理解を得る様、努力する必要があります。

第二に、この姉妹都市提携を今後三島市の青少年の英会話習得に役立たせたいと思います。国際化の時代にあって、英会話の会得は必要です。できるだけ低年齢層、できたら小学校高学年生と中学生の多くを実地体験させたく思っております。現にニュープリマス市で、姉妹都市協会の皆様から、ホームステイを受け入れるので多くの青少年を送ってきて下さいとの好意あふれる提案を聞いて参りました。今後の姉妹都市提携の方向として、青少年の英会話習得に活用することに活路を見出していきたいと思います。三市との提携は、先人が大変なご尽力をされた事ですので、大事にしていかねばならないと思っております。

第二五話：

「鎌倉市との都市間交流について」（平成一三年四月一日号）

今回は、鎌倉市との都市間交流について述べて参ります。

昨年の晩秋、今年のＮＨＫの大河ドラマ北条時宗の予告編を見ていて、頭にひらめいたのが、源頼朝ゆかりの都市交流事業を立ち上げることでした。

源頼朝は、治承四年（一一八〇年）一〇〇日間の三嶋大社への源氏再興の祈願の後、八月一七日の夏祭りの喧騒に乗じて旗上げし、その後紆余曲折の後、ついに鎌倉に幕府を開くことが出来たのです。

三嶋大社のある三島市と幕府のあった鎌倉市とは古より深い縁で結ばれていたのです。人口は三島市が一一万人、鎌倉市が一六万人です。鎌倉市は国際観光都市として、多くの観光客を国内外から集めております。これから街中がせせらぎ事業を実行に移し、観光の面でも大いに力を入れていく当市にとって、鎌倉市の観光行政・施策は参考になりますし、交通の面でも、旧市街地へ車を入れないパークアンドライドの実験も全国に先がけて行なった都市です。これは、郊外に駐車場を設けそこで車を降り、公共交通機関や自転車、徒歩で旧市街地に入る方法です。三島市の今後の交通施策に大いなる示唆を与えるものです。

市民の間では自然を大切にする各種の団体が活動しており、三島市の市民活動の方々との交流の橋渡しも出来るのでないかと考えています。現に市内のサッカーチームより鎌倉のチームと交流したい旨の話が私に寄せられております。

三島市からは、鎌倉市がまだ取得していないＩＳＯ１４００１の認証取得のノウハウをお伝えできると思います。このように、両市の交流は必ず両市の行政はもとより、市民間の交流促進により大きな成果が期待できるのではないかと思います。

防災

第三〇話：**「防災対策について」**（平成一三年九月一日号）

今回は、防災について述べて参ります。

九月一日は、「防災の日」です。昭和五一年に、東海地震説が発表されてから、早や二五年が経過しています。私達の中で、防災に対する認識が薄れてきているのは事実です。しかし「天災は忘れた頃にやって来る」のです。「自らの命は自ら守る、自らの地域は皆で守る」との認識のもと、各ご家庭で、改めて防災について、お考え頂くと共に、いざと言う時の行動を確認し合って頂く様お願いします。「備えあれば、憂いなし」。

三島市では、本年度から、防災の専門職として、防災監を配置して、防災対策の強化を図っています。防災マニュアルの抜本的見直しを進めていますし、新たに、市職員の防災マニュアルを作成し、職員がいざという時、迅速、適格な行動が出来る様対策を講じました。

又、七月三一日には、初の試みとして、地震防災図上訓練を実施、市防災対策本部員が緊迫した空気の中で、地震災害発生時の情報収集と、災害応急対策の手法をシミュレーションしました。一方で、八月二八日には、全国初の、新幹線ホームでの、実践防災訓練を行ないますし、九月一日には、自衛隊炊出隊、ヘリコプター隊、ボランティアのオフロード隊等も加わって頂き、市民参加のもと、南田町広場で、防災訓練を行ないます。又、二三の広域避難場所へ現地配備員として張り付ける市職員を増員し、三〜四人（常に女子職員を含む）配置する事としました。更には、情報化時代ですので、三島市の防災マニュアルのホームページを早期に作成する事としました。

今後とも、「市民の皆様方の、生命と財産を守るのは、行政の使命」との認識のもと、初動態勢の確立と、応急対策の充実強化を図って参ります。

あとがき

　この本は、「広報みしま」に掲載された「市長室」というコラムを柱にして出来上がっている。コラムを始めたのは、平成一一年二月一日号からで、以降、現在に至るまで毎月ペンを走らせている。別にかしこまって書いたのではない。陳情に向かう新幹線の車中だったり、長い会議のほんのわずかの間とか、夜遅く帰ってからの就寝前のひとときとか、せわしい合間を縫って書きつけたものが、既に三三本になっている。その七〇〇字ほどの短文を時間軸で並べてみると、市政に関して折々に触れたものを時事的に記しているのは確かだが、言い足りなかったことが強く残ってくる。従って、この本では「コラム」をテーマ別に分解して載せている。

　私がこの本を書くに当たって心がけたことがいくつかある。

　第一に、ほんのちょっぴり、コラムを基に膨らましていく文章のなかに、私にとっての永遠の課題と、それに対する私自身の解答のイメージを潜ませておいたつもりである。別に「隠し絵」のようなものを用意したわけではない。本のなかで環境ということばを何度も使っているが、これは、環境破壊の現実を対岸の火事にしてはならないという意味であり、「私をとり囲んでいるもの全てが環境」であると捉えているからである。

私にとって環境とは、まず家族である。環境の源は家族である。その家族から発して繋がっている郷土が三島であり、そして日本である。そしてその日本は地球全体に繋がっている。家族を大事にすることと環境を大事にすることが繋がって同一線上に並んでいると言いたかった。

第二に、三年あまりのコラムを基にいわば市長の私記を書き続けながら、ひとりでにたくさんのことを勉強することになった。この本は、私や職員、市民の方々との実体験を記録しているが、刻々に動いたり跳ねたりしている現実の社会、市民の生活の細部をさらに見ていく機会を私に与えてくれた。

ただ、このくらいのことを書き留めておきたいと思って書いたものの、忙しさに追いまくられて書き上げたせいか、いざ、出版社の方に原稿を渡した段階でも書き残したことがいっぱいあると思い始めている。その意味では粗雑さに心残りがある。

私は市長という旗振りに過ぎない。この本を生み出してくれたのは、すばらしい都市にしようとする三島市民の方々だと正直に思う。出版の後押しをしてくれたと思っている。私が提案した方針を受け取ってくれた人々がいたからこそ、この本は生まれたと記しておきたい。本の中に使われている写真の一部には、市民の方が撮ってくださったものがある。紙面を通じてお礼を申し上げたい。

また、服部雅空氏には本のタイトルの揮毫を快諾していただき、三島ニュース社の堀内皇富士氏には、「三島ニュース」紙上に掲載された私の論文を引用させて頂いた。お二人に心より感謝申し上げたい。一方で、細部にわたりデータ等を掲載できたのは、調べてくれた市職員の方々のお陰であると思っている。

なお、「記録としての本、ファクトに基づいた本を」と薦めてくれ、帯文まで寄せてくれた学友・三橋規宏氏をはじめ、出版のコーディネートをしてくれた高岡武志氏、出版社・海象社の山田一志氏など多くの方々にお世話になった。心からお礼を申し上げたい。

平成一三年一二月二〇日

小池政臣

講師
学長　　三島市長 副学長　日大国際関係学部長
静岡県立大学名誉教授 松下秀鶴氏
日本大学国際関係学部教授 加藤雅功氏
立正大学地球環境学部教授 渡邊定元氏
(国立遺伝学研究所) 生命情報・DDBJ研究センター 遺伝子機能研究室教授 舘野義男氏
鳥取環境大学 環境デザイン学科教授 吉村元男氏
千葉商科大学政策情報学部教授 三橋規宏氏

平成１３年度　三島市民環境大学講義日程

	講 義 月	環境区分	環境の範囲	講義テーマ
13年度	6/22（金）	開学式		
1	7/16（月）	［循環］①	生活環境	「生活環境の中で化学物質について考える」
2	9/17（月）	［循環］②	水環境	「三島の水環境」
3	10/15（月）	［共生］①	自然環境 地球環境	「地球環境の森づくり」
4	11/16（金）	［共生］②	生態系	「遺伝学からみた生態系」
5	1/17（木）	［活動］	資源循環	「地域のゼロエミッションを考える」
6	3/19（火）	［総合］		「地球の限界とつきあう法— 思想と理念を中心に」

※　　　開学式となるため、講義は学長講話とする。
※※　　後期に入学した受講生を対象とする。
※※※　前期に入学した受講生を対象とする。

○カリキュラム

	講義回数	環境区分	環境の範囲	講義内容（環境の種類）
前期	1	［全般］（開学式）※		環境動向と将来展望
	2	［循環］	生活環境	化学物質問題
	3	［循環］	水環境	湧水メカニズム（三島市周辺の湧水の現状から）
	4	［共生］	自然環境 地球環境	森林における自然環境
	5	［共生］	生態系	生態系の多様性（遺伝学の観点から）
	6	［活動］	資源活動	ゼロエミッションについて
	7	［総合］		環境教育と環境理論について
後期	(1)	［全般］（開学式）※※		環境動向と将来展望
	8	［共生］	自然環境	人と自然とのふれあい
	9	［共生］	生態系	生物の多様性の確保
	10	［循環］	資源環境	ごみ問題と資源・エネルギーの有効利用
	11	［循環］	地球環境	地球温暖化等
	12	［循環］	自然環境	自然環境の保全
	13	［総合］（閉学式）※※※		資源循環型社会の構築

教育区分	環境の範囲	環境の種類
		○快適な空間の創造 ○景観形成ほか
共生	生態系	○生態系の多様性 ○野生動物の種の保存 ○生物の多様性の確保 ○ビオトープ

○ 構成

［循環］…教育区分「循環」に属する講義

［共生］…教育区分「共生」に属する講義

［全般］…広く環境全般に関する講義

［活動］…環境実践活動に関する講義

［総合］…「循環」や「共生」のまとめとなる講義

＜構成例＞　○数字は講義回数

◇開学１年目（平成１３年度）

開学式・［循環］②・［共生］②・［活動］①・［総合］①

◇開学２年目以降

［全般］①（開学式）・［循環］②・［共生］②・［活動］①・［総合］①（閉学式）

ただし、上記の各種講義の回数及び順序は、講師により変更する場合もある。

●三島市民環境大学

教育区分	環境の範囲	環境の種類
循環	生活環境	○大気汚染　○水質汚濁 ○土壌汚染　○騒音 ○振動　○悪臭 ○化学物質問題（ダイオキシン、環境ホルモンほか）
循環	資源循環	○ごみ問題 （ごみ処理、処分場不足、不法投棄ほか） ○ゼロエミッション （リデュース・リユース・リサイクル、リフューズ、グリーン購入等） ○資源・エネルギーほか
循環・共生	水環境	○湧水メカニズム ○湧水枯渇問題 ○地下水の有効利用ほか
共生	地球環境	○地球温暖化　○酸性雨 ○オゾン層の破壊 ○熱帯雨林の減少　○砂漠化ほか
共生	自然環境	○森林、里地、農地、緑地、水辺地等における多様な自然 ○自然環境の保全 ○人と自然とのふれあい

☆水辺の環境の整備	目標
○河川環境と湧水を一体的に保全・整備・活用することにより、市民が水辺に親しめるような親水空間を創造し、うるおいとやすらぎの環境づくりを推進する。 ・境川水辺プラン２１推進事業（清住緑地整備） ・源兵衛川の環境管理	

☆三島せせらぎ大使の創設	目標
○「水の都・みしま」といわれた三島市の水と緑の快適環境などの情報を広く全国に発信していくため、三島市出身者や三島にゆかりのある著名人を「三島せせらぎ大使」として委嘱し、三島市のイメージアップを図る。 〈大使１４人〉 　高原直泰（サッカーオリンピック代表） 　岩崎恭子（オリンピック水泳金メダリスト） 　富士真奈美（女優） 　鈴木一真（俳優） 　吉行和子（女優） 　林哲司（作曲家） 　東儀秀樹（雅楽奏者） 　宮内婦貴子（脚本家） 　村上豊（画家） 　坂本由紀子（労働省大臣官房審議官） 　北山要（電業社相談役） 　佐野主税（アサヒ飲料会長） 　高藤鉄雄（三共社長） 　水口弘一（野村総合研究所顧問）	

【水と緑の快適環境創造】

☆街中がせせらぎ事業の推進	目標
○歩きたい街・住みたくなる街を目指し、中心市街地にある歴史、文化、水辺や緑といったアメニティ資源を活用し、それらを結ぶ回遊ルートを整備することで、うるおいとやすらぎのある快適な空間を創出する。 ○平成１１年度 ・街中がせせらぎアクションプランの策定 ○平成１２年度 ・回遊ルートの整備〈楽寿園南門の開設〉 ・市民ワークショップ、意見交換会、地域住民会議の開催 ○平成１３年度 ・街中がせせらぎ事業実施計画の策定 ・回遊拠点の整備 〈JR三島駅南口前広場（モニュメント）〉 ・回遊ルートの整備〈桜川プロムナード修景整備〉	

緑化の推進	目標
快適な生活環境を保持するため、緑あふれるまちづくりを進めるとともに、緑化意識の高揚を図り、市民参加の緑化運動を推進する。	
計画的な緑化施策の推進 ★緑の基本計画の策定 (平成１３年度～１４年度)	
遊休地、休閑地対策事業 ○花街道、南町よこた広場の花壇植栽等 ○空き地の適切な管理に関する条例に基づく広場等の活用、維持管理	
緑道育成事業 ○街路樹等の保護、管理〈総延長２５.２ｋｍ〉	
みどりと花いっぱい運動の推進 ○みどりまつり、花壇コンクールの開催 ○緑地公園の維持、管理	○みどりまつり：年2回 ○花壇コンクール：年2回
生垣づくりの奨励 ○苗木の無料配布、生垣づくりの指導等	○ 苗木の無料配布：年間3，６００本

【自然環境の保全】

水資源の保全・涵養	目標
市民生活に不可欠な資源として地下水の保全、また、快適空間を創出する資源として湧水の復活のため、地下水涵養方策の推進や節水意識の高揚を図る。	
地下水の涵養 ○雨水貯留施設の整備（H１３年度：錦田中学校グランド） ○雨水浸透マス設置補助（H１２年度累計：４４３基） ○間伐の実施（年間４０ha）、涵養林の補植 ★小さなダムづくりの実施	○雨水浸透マス設置 補助：年間１５基 ○間伐（年間40ha） ○ 小さなダムづくり：年間２００基
水資源の有効利用 ☆節水コマの無料配布（H１２年度累計：９９６個）及び公共施設への設置（H１２年度累計：５，６５０個）	○節水コマ無料配布数：年間２００個
水資源の循環的利用の推進 ☆浄化槽の雨水貯留施設転用補助（H１２年度累計：２０基） ☆雨水簡易貯留施設設置補助（H１２年度累計：１２基）	○浄化槽雨水貯留施設 転用補助数：年間１０基 ○雨水簡易貯留施設設置補助数：年間１０基
広域的な地下水対策の推進 ○国・県並びに流域市町村と連携した地下水保全対策の推進（黄瀬川地域地下水利用対策協議会、大場川流域水循環保全対策協議会との連携）	

☆公用リサイクル自転車の活用	目標
○市役所自ら省資源・省エネルギーを実践するとともに、環境への職員の意識改革を図るため、概ね２ｋｍの近距離移動を公用車から公用リサイクル自転車の利用に切替。 ○自転車は、放置自転車などを清掃センターでリサイクルしたもので、７０台を各公共施設に配置。	○Ｈ１２年度以降、随時各課に配置

市役所の環境にやさしい行動の実践	目標
地球環境対策として、「小さなことでも、できることからまず実践」をモットーにごみの減量化や省資源・省エネルギーを実践。 ☆「エコ・エコ・デー」の推進 ○毎月１０日をエコ・エコ・デーとし、職員の自動車通勤の自粛、ごみゼロ、ノー残業デーの徹底を図る。(Ｈ１２年度～) ☆紙リサイクルボックスの設置とごみ箱の撤去 ○市役所のごみの大半が紙類であることから、これらをリサイクルするために、全課に「紙リサイクル」を設置。 ○紙類を４種類に分別。これに伴い、職場内に複数あったごみ箱を撤去。 ☆冷暖房機器の適正使用 ○夏期冷房温度：２６℃（室温２８℃）以上、冬期暖房温度：２２℃（室温２０℃）以下に統一。	○環境にやさしい行動の継続的な実践

☆公共施設のクリーンエネルギー対策	目標
○地球温暖化防止に寄与するため、小学校（錦田小学校）の改築に併せ、太陽光発電システム及びエコアイス設備を設置するとともに、これらを活用した環境教育に努める。	○H１２～H１４年度

☆１００円バスせせらぎ号の運行	目標
○市民の交通手段の確保と中心市街地の活性化を図るとともに、自動車使用の抑制を促進するため、中心市街地を循環するバスを新規に運行。赤字分を補助。 (運賃１００円、1周３０分、1日１１便×２台)	○バス運行に対する継続的な補助の実施

☆低公害車・低燃費車の導入	目標
○地球温暖化防止と資源枯渇対策のため、市長車をはじめ公用車への計画的な低公害車（ハイブリッドカー、天然ガス車）の導入及び積極的な低燃費車（軽自動車）化を図る。 ○市内事業所に、低公害車の導入とアイドリングストップ運動の徹底の呼び掛け。	○低公害車の導入状況 H1３年度で計8台 (ハイブリッド：5台) (天然ガス：3台) ○年間最低1台の導入

【地球環境の保全】

☆ISO１４００１の推進	目標
○市役所も地域で活動を行う一事業者として自ら地球環境問題へ取り組むことにより、市民・事業者の環境活動の実践を促すことを目的に、環境管理に関する国際標準規格ISO１４００１の認証を取得。 ○規格に基づく環境マネジメントシステムの確実な運用かつ継続的改善の実施 ○年１回のサーベイランスの実施、３年後（平成１４年度）の更新審査の受審 ○市民・事業者への啓発（事業者向け環境ISO取得講座の開催、インターネットによる情報提供	○H１２年７月２６日取得 ○環境マネジメントシステムの継続的な運用

☆クリーンエネルギー利用の促進	目標
○地球温暖化防止対策として、市民のクリーンエネルギーの積極的な利用を促進するため、住宅用太陽光発電システムの設置費に対する補助を実施。（平成１２年１０月～）	○H１２年１０月～ ○年間３０基の設置補助

リサイクル・リユースの推進	目標
★リサイクルプラザの整備（平成13年度～） ○粗大ごみをリサイクルし、展示・販売することで、ごみ減量化に向けたリサイクル意識の啓発とリサイクル用品の利用の普及を図る。	○H１３年度 基本計画策定
☆リサイクル自転車の作製 ○放置自転車をリサイクルし、市や市民団体等の環境関連活動に活用することで、ごみの減量化及びリサイクル意識の高揚を図る。 ○公用車に替わる公用リサイクル自転車として７０台利用	○H１２年度 目標：６０台 ○H１３年度 目標：６５台 ○H１４年度 目標：７５台
フリーマーケットの開催 ○廃棄物のリサイクルに対する市民の意識高揚を図るため、フリーマーケットを開催し、家庭に眠る不用品の活用を図る。	○年４回の実施

○公共施設への生ごみ処理機の設置 ・小学校全１４校（H１２～１３年度） ・中学校［給食調理室設置校］全３校（H１３年度） ・市営住宅（日の出町市営住宅：１台、H１２年度） ・市庁舎：１２台、消防本部：１台、保健センター：１台、生涯学習センター：１台（H１２年度）	○中学校への設置目標 H１3年度：全3校

☆買物袋持参運動の推進	目標
○買物袋を持参することでスーパー等のレジ袋の使用を抑制し、ごみの減量化に寄与することを目的として、平成１１年度に関係団体から成る買物袋持参運動推進協議会を発足。 ○買物袋を製作し、イベント等を利用して配布するなど、積極的に啓発。	○継続的な運動の展開

プレサイクルの推進	目標
○リサイクルの前に市民が取り組むべきごみの排出抑制を推進するため、包装の簡素化、レジ袋の削減、包装容器の店頭回収などに取り組む小売店を、プレサイクル推進店として認定。（登録推進店：209店舗）	○継続的な推進

【循環型社会の構築】

☆分別収集の徹底	目標
○ゼロエミッション社会に向け、ごみの減量化・資源化を図るため、分別収集の拡充を図る。 ○市内６１箇所に、資源ごみ回収拠点ストックヤードを設置（平成６年度～） …………………………………………………… ・燃えるごみ…①燃えるごみ ・資源ごみ…②缶、③びん（無色）、④びん（茶色）、⑤びん（その他の色）、⑥その他 ・資源古紙…⑦新聞、⑧雑誌、⑨段ボール、⑩牛乳パック（H１２年度～） ・ペットボトル…⑪ペットボトル（H１２年４月～） ・トレイ…⑫白色トレイ（H１２年１１月～） ・その他…⑬古着、古布（モデル地区）、⑭危険不燃	○H１２年度以降：１７種類の分別収集

☆生ごみの減量化対策	目標
ごみの減量化を図るため、家庭や公共施設の生ごみ減量化・堆肥化を推進する。 ○家庭用生ごみ堆肥化の推進 ・コンポスト（H3年度～）、ぼかし容器（H７年度～）の無償貸付 ・家庭用生ごみ処理機の購入費補助（H１１年度１０月	○小学校への設置目標 H１２年度：2校 H１３年度：5校 H１４年度：7校

☆水質汚濁の防止	目標
○生活排水による公共用水域の水質汚濁を防止するため、下水道認可区域外又は集中合併浄化槽使用区域で50人槽以下の合併処理浄化槽の設置に対し補助を実施。（５人槽：７基、６～７人槽：１０基、８～10人槽：６基、２１～３０人槽：１基、３１～50人槽：１基）	○年間：２５基の補助

☆下水道の整備	目標
○地域社会の環境整備を促進するとともに、河川等の水質保全を図り、快適な都市環境を創造するため、公共下水道の整備をより一層推進する。 ○単独公共下水道建設 ・管渠布設工事（平成13年度：梅名、安久、松本、長伏ほか） ・ポンプ場建設（梅名中継ポンプ場） ○流域下水道・流域関連公共下水道建設 ・管渠布設工事（平成12年度：並木、御門、夏梅木ほか） ・管渠布設工事（平成13年度：中、鶴喰の一部）	○Ｈ１２年度 普及率 ５０．２％ ○Ｈ１３年度 普及率 ５２．０％ ○Ｈ１４年度 普及率 ５５．６％

☆ダイオキシン対策	目標
○ごみ焼却施設から排出されるダイオキシン類の削減のため、排ガス高度処理施設の整備（焼却炉の改修）を実施。 (平成１４年１２月から排出濃度８０ナノグラム⇒５ナノグラム) ○併せて、ダイオキシン類測定（清掃センター、衛生プラント）による継続的な監視を実施。	○H１２～１３年度:1炉 ○H１３年度：１炉 ○排出濃度の自主基準値設定：１ナノグラム

☆環境ホルモン対策	目標
○安全が保障されないものは使わないとの考えから、環境ホルモンとの関係が懸念される小学校給食用のポリカーボネート製食器を環境ホルモンが溶出しないPEN食器に切替。 ○平成１４年度からの中学校給食の開始に併せ、７校全学年分のPEN食器を配備。	〈小学校〉 ○H１１～１３年度：１４校全学年分切替 〈中学校〉 ○H13年度：7校全学年分を配備

☆環境美化の推進	目標
○清潔で美しい都市景観を保全し、快適な生活環境を確保するため、「ごみの不法投棄等防止条例」の周知を図るとともに、環境美化推進員（317人）、不法投棄監視員（９人）活動の充実を図り、ごみ集積所の環境美化や不法投棄の防止に努める。	○ごみの不法投棄等防止条例の周知 ○環境美化推員、不法投棄監視員の育成

★環境基本計画セミナーの開催	目標
○環境基本計画の策定及び推進のため、環境基本計画の意義や市民・事業者の役割などについて知識を深めるとともに、環境基本計画がより地域の環境特性に即したものとなるよう意見交換の場として開催。 ○環境基本計画の専門的知識を持つ学識経験者を講師に招き、市内４地区で開催。（旧市街地、北上、錦田、中郷）	○H１３年度新規

★自然環境調査の実施	目標
○当市の自然環境の現況を把握するとともに、課題や問題点を探り、自然環境の適正な保全と生物の多様性の確保に資する施策の基礎資料とする。 ○調査結果を環境副読本や環境教育の教材として、児童、生徒から大人まで幅広く活用。	○H１３～１５年度で実施

【生活環境の保全】

☆環境の監視・測定	目標
○定期的な大気、水質、騒音、振動の測定をはじめ、ダイオキシン調査（大気、年４回２箇所）等を実施し、環境監視体制の強化を図る。	○H１２年度から継続

☆環境教育副読本の作成及び配布	目標
○小学校における環境教育用の教材として、４年生以上を対象とした環境教育副読本を作成し、学校教育の中で、環境教育を実践、及び充実していく。	○H12年度〜 ○毎年、新４年生に配布

★中学生環境リーダーの養成	目標
○中学校の生徒（全７校×２人＝１４人）を対象に、中学生の地域の資源ごみ分別への参加や学校ISO制度を実施している水俣市を視察、研修するとともに、屋久島の自然やゼロエミッションへの取り組みを学習することで、環境リーダーとして、中学生の環境意識の普及・啓発と地域の環境活動への参加を助長。 ○平成１２年度は、「少年の船」の研修先を屋久島にし、自然環境を体験。環境の重要性を学習。（７０名参加）	○H１３年度新規 ○年間１４人を募集

★市民環境大学の開校	目標
○１６歳以上の市民を対象に、環境ボランティアの育成とその普及に先導的役割を担う「エコリーダー」の養成を目的。 ○地域から地球環境問題まで幅広く知識を習得することで、受講生自らの環境問題への積極的な活動を促進するとともに、指導的立場で、家庭への普及・啓発に努めていただく。 ○環境専門家を講師に招き、年間5〜7回程度の講義を実施。 ○受講期間は、２年。	○H１３年度新規 ○H１３年度 １７５人入校 ○毎年、５０人程度募集 計１００人体制で継続

☆第三次三島市総合計画の策定	目標
○２１世紀の三島市のまちづくりを総合的・計画的に進めるための基本的考えや具体的施策を体系的に表したもの。 ○将来都市像：「水と緑と人が輝く夢あるまち・三島」 ○サブタイトル：「環境先進都市をめざして」	○H １３年３月策定 ○計画期間：10年間(H１３年４月～２３年３月)

☆三島市都市景観条例の制定及び都市景観基本計画の策定	目標
○湧水や富士山の景観、箱根山の緑など、豊かな自然にマッチした都市景観の確保及び創出を目指すもの。 ○条例の施行に併せ、都市景観基本計画や景観形成誘導基準を策定していく。	○H１２年１１月３０日策定 ○H１３年6月１日施行

【環境教育・学習の推進】

☆小学生環境探偵団の結成	目標
○小学校の児童（１４校×３人＝４２人）を対象に、環境探偵団を結成し、身近な環境から地球規模の環境問題まで体験学習等を通じて環境教育を実施し、環境リーダーとして、小学校への環境意識の普及・啓蒙及び家庭における環境活動の実践を助長する。(平成１２年度～)	○H １２年度～継続 ○年間４２人を募集

☆水辺環境の整備（清住緑地、源兵衛川、大場川の親水公園の維持・管理）

●市政全般にわたる環境施策の概要

（★は平成１３年度の新規施策、☆は市長就任以降の施策）

【総合的な環境施策の推進】

☆三島市環境基本条例の制定	目標
○環境基本条例は、三島市の将来にわたる環境施策の基本的な方向を示すもので、環境の保全と創造について、基本理念を定め、市・事業者・市民それぞれの責務を明らかにするとともに、市が推進すべき施策を規定。	○Ｈ１２年１１月３０日制定 ○Ｈ１３年4月1日施行

☆三島市環境基本計画の策定	目標
○環境基本計画は、環境基本条例で定めた基本理念や各主体の責務、推進すべき施策を総合的かつ計画的に進める具体的な方策を示すもので、当市の環境の現状と課題を踏まえ、目指す環境目標をたて、その達成のために市・事業者・市民が行なう取り組みを具体的に表すとともに、推進・管理する仕組みを定めたもの。 ○市民環境アドバイザー（公募市民・団体代表、計２８人）による案づくり。 ○環境審議会（Ｈ１３年６月議会で定員を１５人⇒２０人以内に改正）で、計画案の審議。	○Ｈ１２年～１３年度策定

☆ 住宅太陽光発電システム設置費補助（H１２年～、３０基補助済）
☆ 錦田小学校改築に伴う太陽光発電、エコアイス設備の設置（H１２～１４年度）
☆ 循環バス「せせらぎ号」運行（１００円バス、自家用車使用の抑制、H１２年度～）

［自然環境の保全］
＜地下水の涵養対策＞
★ 雨水貯留施設整備（錦田小学校グランド）、雨水浸透ますの設置補助
★ 間伐の実施（年間４０ha）
☆ 小さなダムづくりの推進（H１２年度～、１３年度は２００基設置予定）
＜水資源の有効利用＞
節水コマの無料配布、浄化槽の雨水貯留施設転用補助、雨水簡易貯留施設設置補助
＜緑化の推進＞
★ 緑の基本計画の策定（H１３～１４年度）、遊休地・休閑地対策、緑道の育成・管理、みどりと花いっぱい運動の推進（みどりまつり（年２回）、花壇コンクール（年２回））、生垣づくりの奨励（苗木の無料配布及び生垣作り指導）

［水と緑の快適環境の創造］
☆ 街中がせせらぎ事業の推進（H１１年度～）
（H１３年度：三島駅南口広場修景工事、桜川プロムナード修景工事ほか）
★ せせらぎ大使の創設（H１３年度、大使として１４人を委嘱、三島市の快適環境をPR）

市内4地区）

[生活環境の保全]

☆ 焼却炉の改修（ダイオキシン恒久対策８０ナノグラム⇒５ナノグラム（Ｈ１４年１２月～））

★ 小型焼却炉の実態把握調査（市内約６，３００事業所を対象、Ｈ１３年度）

☆ 小学校給食食器の環境ホルモン対策（ポリカーボネート製⇒PEN製へ、Ｈ１１～１３年度終了）

★ 中学校給食食器の環境ホルモン対策（PEN製食器の配備、Ｈ１３年度、７校全学年）

[循環型社会の構築]

分別収集の徹底（Ｈ１２年度からペットボトル、白色トレイを追加、前１７種類を分別収集）

☆ 家庭用生ごみ処理機購入費補助（Ｈ１１年度～）

☆ 小学校への生ごみ処理機の設置（Ｈ１２年度２校、１３年度５校、１４年度７校）

★ 中学校給食施設への生ごみ処理機の設置（Ｈ１３年度、全３校へ設置）

☆ 買物袋持参運動の推進（Ｈ１１年度～、買物袋持参運動推進協議会）

★ リサイクルプラザの整備（Ｈ１３年度基本計画策定）

[地球環境の保全]

☆ ISO１４００１に基づく環境マネジメントシステムの推進（Ｈ１２年７月認証取得）

◎三島市の最終的な環境目標
「自然と共生を図るなかで、環境への負担が少ない、持続的発展が可能な資源循環型社会の実現」

◎ 目標を達成するための主な環境施策
（★は平成１３年度の新規施策、☆は市長就任以来の施策）

[総合的な環境施策の推進]
☆ 三島市環境基本条例の制定（H１２年１１月３０日制定、１３年4月1日施行）
★ 三島市環境基本計画の策定（H１３年度中）
☆ 第三次三島市総合計画の策定（H１３年3月策定）
☆ 三島市都市景観条例の制定（H１２年１１月３０日制定、１３年6月1日施行）
★ 三島市都市景観基本計画の策定（H１３年度中）

[環境教育・学習の充実]
☆ 小学生環境探偵団の結成（全１４校×３人＝４２人、H１２年度～）
☆ 小学校環境教育副読本の作成・配布（小学生４年生以上に配布、H１２年度～）
★ 中学生環境リーダー養成事業（中学生１４人、水俣市、屋久島での環境体験学習の実施）
★ 市民環境大学の開校（受講生１７５人、日大国際関係学部との共催で実施、講義年6回）
★ 環境基本計画セミナーの開催（環境基本計画の策定のための市民勉強会、

(2)　業務等の運営又は維持、管理上の環境への配慮

ア　ごみの排出量削減や分別を徹底し、ごみの減量化と資源化を図ります。

イ　紙やガソリン、電気、ガス、水等の使用量を削減し、省資源・省エネルギーを図ります。

ウ　環境に配慮した工事施工や物品使用を進め、環境にやさしい事務事業の執行に努めます。

2　環境マネジメントシステムに対する全庁的な管理、実行体制を整備し、責任所在を明確にします。

3　法的及びその他の要求事項を遵守するとともに、自主管理基準の設定や汚染物質を最小限の使用に留めるなど、汚染の未然防止に努めます。

4　環境方針を全職員が認識し、方針に沿った活動を継続的に実践できるよう研修を実施します。

5　この環境方針は、三島市役所内外に公表します。

2000年2月1日

三島市長　小池政臣

●平成１３年度　環境施策の概要

◎第３次三島市総合計画（平成１３年４月～２３年３月までの１０年間）

２１世紀初頭の将来都市像：「水と緑と人が輝く夢あるまち・三島」

サブタイトル（重点目標）：「環境先進都市をめざして」

三島市は、地球環境問題を普遍的な課題と認識し、この解決に向け、人と自然が共生を図る中で持続的発展が可能な資源循環型社会の実現に寄与することを目的に、環境対策先進都市として積極的に環境の保全及び創造を推進します。

[基本方針]

三島市役所は、基本理念にのっとり、ISO14001規格に適合する環境マネジメントシステムを構築、運用するとともに、継続的に改善し、適切なシステムの維持管理に努め、環境リーダーとして、市民、事業者と連携を図る中で、地球環境の改善活動に取り組みます。

1　三島市役所が公共福祉のために行なう事務事業及びこれら業務の運営又は施設の維持管理等すべてについて環境への影響を把握し、環境に著しい影響をおよぼすと認められている以下の項目について、環境目的及び目標を定め、定期的に見直し、環境への負荷低減と有益性の向上に努めます。

(1)　環境の保全及び創造のための推進

ア　恒久的な環境対策を樹立し、安全で快適な生活環境の確保に努めます。

イ　廃棄物の資源化やごみの減量化など資源の循環的利用を推進します。

ウ　地球温暖化防止対策や地球環境への意識啓蒙など地球環境対策を積極的に推進します。

エ　湧水の保全と緑化を推進するとともに、自然環境と調和したまちづくりを進め、自然環境の保全及び活用を図ります。

○講義時間　原則として午後７時から授業を開始し、午後９時までに終了する。

○講義場所　日本大学国際関係学部１５号館内の講義室

○講師　環境分野の専門家、大学等の授業・講師など

〔修了〕

○修了要件

修学期間２年間で全学習課目（講義）に８割以上出席した受講生

卒業レポート（感想を含む）の提出

上記の要件を満たした受講生には修了証書を授与します。

○エコリーダーの任命

修了者は、環境ボランティアとして自ら環境活動を実践するとともに、活動の普及、推進のため先導的役割を担う「エコリーダー」として学長から任命します。

●三島市役所環境方針

［基本理念］

三島市は、富士山からの湧水や緑の豊かな自然、それらが調和した潤いと安らぎのある快適な空間を有しています。しかし、私たちは、豊かな社会を築き上げる一方で、環境に負荷を与え続け、地域はもとより地球規模の環境をも悪化させています。

郷土の財産である良好な環境さらにはかけがいのない地球環境を守り、次世代に引き継いでいくことは、私たちに課せられた責務です。このため、

業活動の中で資源やエネルギーを効率よく使うなど環境を考えた行動を起こすことが不可欠です。

市民環境大学は、現在そして将来の環境問題への理解を深め、家庭や地域で自ら環境活動を実践し、普及に努め、環境ボランティアとしてさまざまな環境活動に率先して参加し、先導的な役割を担う「エコリーダー」の育成を目的に設立するものです。

〔主催〕

○主催　　三島市　日本大学国際関係学部

○学長　　三島市長　小池政臣

○副学長　　日本大学国際関係学部長　佐藤三武朗

○事務局　　三島市環境市民部環境企画課（環境政策室）

〔対象〕

市民又は市内に通勤・通学している１６歳以上（高校生以上）の人で、講義（主に夜間）に出席できる人。

〔教育理念・目標〕

○教育理念　「循環と共生による持続可能な社会の実現」

○目標　環境を考え、環境ボランティアとして自ら行動するとともに、その普及に先導的役割を担う「エコリーダー」を育成する。

（環境意識の高揚）⇒（環境活動の必要性の認識）⇒（環境ボランティアとしての自立「エコリーダー」）

〔修学〕

○修学年限　２年（前期・後期）

○講義回数　前期・後期で分野の異なる環境に関する講義を１２～１４回程度実施

っている。

　しかし、生活の利便性や物質的な豊かさを求めてきた現代社会は、一方で大量生産・大量消費・大量廃棄型の社会経済システムを生み出し、自然の復元力を超えるような環境への負荷を与えることとなり、地域の環境はもとより、地球環境にまで取り返しのつかない影響を及ぼすおそれを生じさせている。

　今こそ、私たちは、郷土の良好な環境を現在と将来の世代の市民が享受できるよう、すべての生命の存在基盤である地球環境の保全を普遍的な課題と認識し、今ある環境を損なうことなく、自然と共生を図りながら持続的に発展が可能な資源循環型社会の実現に寄与すべきときである。

　ここに私たちは、先人から引き継がれた水と緑に象徴されるかけがえのない環境を守り育て、次の世代に引き継いでいくことを責務とし、市、事業者と市民が一丸となって、地球的視野に立った環境の保全と創造に取り組むことを決意し、この条例を制定する。

●三島市民環境大学実施要領

［趣旨］

　地球規模で環境問題が深刻化している今日、わたしたちの生活基盤である郷土の環境、さらには、人類の生存基盤である地球環境を守り、次世代に引き継いでいくためには、これまでの大量生産、大量消費、大量廃棄といった一方通行型の生産と消費のパターンを見直し、環境への負荷の少ない循環型の社会経済システムを実現していかなければなりません。

　このためには、わたしたち一人ひとりが環境への意識を持ち、生活や事

資料編

●三島市民憲章

（昭和４５年９月２５日議決　同年１０月１１日制定）

わたくしたちは、箱根のふもと朝に夕に富士を仰ぐ恵まれた自然のなかに育った三島市民です。

わたくしたちは、三島市民であることに誇りと責任をもち、お互いのしあわせを願い、この憲章を定めます。

わたくしたち三島市民は、

1　自然を愛し　きれいなまちをつくりましょう。

1　良い風習を育て　住みよいまちをつくりましょう。

1　文化をたいせつにし　豊かなまちをつくりましょう。

1　からだをきたえ　仕事にはげみ　明るいまちをつくりましょう。

1　平和を望み　友愛のあふれるまちをつくりましょう。

●三島市環境基本条例

（平成１２年１１月３０日　三島市条例第３１号）

[前文]

私たちのまち三島市は、富士箱根伊豆国立公園に囲まれ、全国に誇り得る富士山のゆう水や箱根山西麓の豊かな緑に代表される恵まれた自然と古い歴史に培われた文化にはぐくまれ、先人の努力により、今日の豊かな社会を築いてきた。

特に、市街地からわき出す水の清れつな流れと四季折々に咲き誇る花や緑が調和した空間は、人々に潤いと安らぎを与える郷土の大切な財産とな

KAIZOSHA

できることはすぐやる！

三島の再生・環境ルネッサンスをめざして

2002年 2月28日　初版発行

著者……………………小池政臣

発行人…………………山田一志
発行所…………………株式会社海象社
郵便番号112-0012
東京都文京区大塚4-51-3-303
電話03-5977-8690　FAX03-5977-8691
http://www.kaizosha.co.jp
振替00170-1-90145

組版……………………［オルタ社会システム研究所］

装丁……………………鈴木一誌

題字……………………服部雅空

カバー印刷……………凸版印刷株式会社

印刷……………………株式会社 フクイン

製本……………………田中製本印刷株式会社

ISBN4-907717-61-X　C0031

※この本は、本文には古紙100％の再生紙と大豆油インクを使い、
表紙カバーは環境に配慮したテクノフ加工としました。

国連大学ゼロエミッションフォーラム・ブックレットシリーズ

海象ブックレット

ゼロエミッションのガイドライン

―廃棄物のない経済社会を求めて―

三橋規宏

資源循環型の経済システムに転換させていくための有力な手段としてゼロエミッションを提案する。

ISBN4-907717-80-6　C0336　本体価格510円+税

目次

1. ゼロエミッションの提案
2. 地域のゼロエミッションガイドライン

環境経営の実践マニュアル

―ISO14001からゼロエミッションまで―

山路敬三

環境経営を成功させるための実践的手順を、製造業を中心にポジションマップから説き起こす。

ISBN4-907717-81-4　C0336　本体価格510円+税

目次

1. 環境経営の必要条件
2. 製造業における環境経営のポジションマップ

資源採掘から環境問題を考える

―資源生産性の高い経済社会に向けて―

谷口正次

地球環境問題を資源問題からとらえ資源生産性向上の必要性を説き、それを阻むものを明らかにする。

ISBN4-907717-82-2　C0336　本体価格510円+税

目次

1. 地球環境と資源
2. 資源生産性向上の必要性
3. 資源の生産性向上を阻むもの

付録　「カヌール声明」